博物馆绘本

明清家具

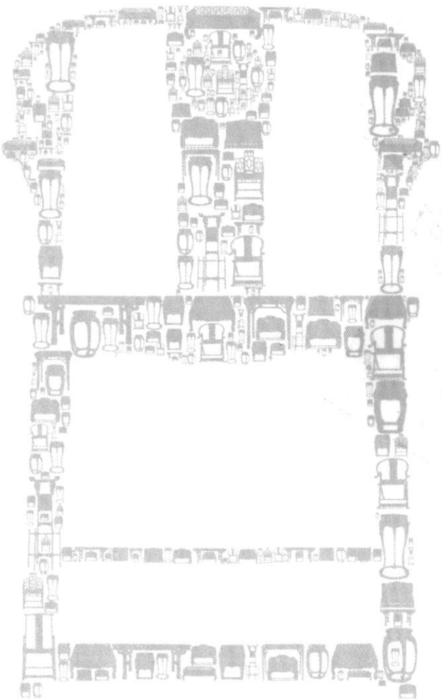

主编 陈燮君

撰文 刘刚

手绘 王俊艺

ECNUP

华东师范大学出版社

全国百佳图书出版单位

中国明清家具

如果欣赏一件现代家具，观造型，看结构，谈装饰，论做工，都会觉得与『设计』有关，仿佛设计就在眼前，可以看得见，摸得着。可是，当你面对一件明代或清代家具时，可能感觉就大不一样了。你可能会好奇最初是什么样的人在使用它，想到它为什么会被做成那样，而不会留心它的设计，更不会去想是谁设计了它，好像它就应该是那样，没有为什么。

很难在古人的语境中找到与『设计』的含义完全一致的词汇，常常是行业不同工艺不同，用语也不同。但是，如果足够用心的话，我们还是能够体会得到，设计是无处不在的。当你在临摹古代书法的时候，就已经触及了它的精髓。从书法到家具，再到容纳家具的建筑和园林，虽然形式不同，却都表现出同样的艺术趣味，它们有着一个同样的灵魂。

明代后期的一些因素促使家具的制造工艺精益求精。比如在开放海禁之后，硬木从东南亚大量输入中国，能使精巧而雅致的造型设计付诸实现。这是因为硬木的强度比较大，经得起更大的压力或变形，所以家具的各个部件不需要做得很粗、很厚，这样就有利于各种优美线条的表达，家具的造型可以更富于变化。硬木的色泽和纹理还是天然的装饰，就像玉一样，只有达到一定的硬度，才能打磨出莹润的光泽。若能自然成纹，总比人工雕琢显得隽永耐看。疤痕原本是木材的瑕疵，用在家具上就成了优点。最难得的疤痕是不规则状圈环围绕二三斑点，斑点颜色较深，成像怪诞，看似有鼻子有眼，被古人称为『鬼面』或『狸斑』，具有特殊的装饰效果，常被用在家具最醒目的部位。商品经济的繁荣、园林府第的兴建，使精美而昂贵的硬木家具有了实际的需求；但这些都是外在因素，因为具备同样条件的其他国家，却有着风格完全不同的家具，所以影响明清家具设计的一定是内在的东西。

古时候，在文人的文化生活中，审美居于主流的地位。除了必修的书法，他们参与最多的艺术活动是绘画。其中一部分人还参与了实用工艺的设计、制作，比如家具、园林、竹刻、刺绣等等，这些活动在17世纪的明末清初达到高潮。毫无疑问，汉字及其书写方式的独特性，构成了中国所有的工艺美术的审美基础。这种内在的联系，就像西方美术和造型艺术离不开素描的基础一样。

简约和繁复在每个朝代的家具中都会存在，并非明代的一定简约，清代的一定繁复。明代家具注重实用和美观的高度契合，崇尚古朴、委婉的造型和内敛、含蓄的气质。零部件的安排，注重在实用的基础上兼顾美观，很少会出现没有任何功能的构件。在装饰纹样方面，不太讲究外形或轮廓是否华丽，而是着重细节刻画、耐观赏、可玩味，比如家具的马蹄足很扁很矮而造型不俗，这是一种低调的讲究。椅子的扶手和靠背的曲线，不仅要让你的手臂和腰、背、颈部感到舒适，还须在视觉上符合中国式的美感，让你的眼睛也感到舒服。两者之间需要有个平衡。根据具体情况，有时可以偏重美观，但有时必须偏重实用。

家具线条的粗细和曲率的变化该如何掌握？这一问题对于古代的中国人来说，可能并不困难，有些人更是擅长。明代家具的线条与中国书法有着相似的表现形式。在不同的结构中，一个汉字笔划或者家具部件，都要有一个适度的曲率才能保证整体的美观。弧度太小或太大都会导致丑陋。如果要上升到艺术的高度，所有的线条的搭配组合都要有点儿水平。设计和制作者不一定需要什么书法功底，只需要一个环境就够了，一个受到中国书法熏陶和濡染的环境。

随着时间的流逝，家具造型的变化会体现在细节上。明末清初，朝代更替，战乱之后，外族的统治、异族的审美，都改变了皇家和贵族使用的家具。随着清代早期经济的复苏和繁荣，东西方贸易频繁，中国家具大量出口，影响了欧洲的家具设计。与此同时，中国人的口味也发生了很大的变化。清代中期，张扬的造型和浮夸的装饰日渐受宠。多种材料并用、多种工艺结合的装饰手法久盛不衰；纯粹为了装饰而没有任何实用功能的部件增多；纹样纤巧、清秀，呈现图案化和程式化倾向。

欧洲洛可可风格的纹样经常出现在清代家具上，尤以皇室和贵族所用家具为甚。此时的家具多见高大的马蹄足，显得强势而精悍，渐失传统韵味。椅子的扶手和靠背的曲线，从柔婉转向硬朗，从符合人体工程学到违背人体工程学。到了清代晚期，由于追求新奇和富丽的外观，忽视功能和美学的要求，家具的造型渐趋平庸鄙俗，过度装饰的习气愈发盛行，这一现象甚至影响至今，以至于当代硬木家具的造型设计大多缺乏创新而陷入了一个仿古的泥潭。究此根本原因，是大多数从业者在传统文化和审美水平方面的根基尚浅。

晚清以来中国家具艺术全面走向衰落的过程，就是传统审美观逐渐沦丧的过程。追本溯源，正是审美根基的不同，导致了中、西方古典家具的巨大差异。那么，在全球化的当今，如何凭着一个中国人而不是洋人的眼光，去真正领会明清家具的精髓呢？我们以为，首先要做的是，拿起一支毛笔，以中国人自己的方式来写字，体会并坚持，然后你想知道的一切，自会慢慢地在你的心中闪现。

黄花梨折叠式镜台

明

边长49厘米

支起高60厘米　放平高25.5厘米

盖板是一大看点。攒框装板，内分八格，用支架撑起，可承放铜镜，放平如同小箱，便于搬动。除六格内装板浮雕螭纹以外，正中一格用角牙构成透空的四簇云纹，下有荷叶形托子可移动调节铜镜的位置。

镜台正面两扇小门是又一大看点。门板巧用木材纹理的自然美，有行云流水般的花纹，此处无工胜有工，耐人寻味。门内设抽屉三只，可存放梳妆用具或者金银饰品。镜台下面有四小足支承，更显精巧和雅致。

古时候，连塑造女子『三寸金莲』的缠脚架都会被雕刻得很精美，那么镜台上的装饰再讲究都不足为奇，在显示家庭财富的同时还显示着主人的地位，也是当时富足之家精致生活的见证。

黄花梨木展腿式半桌

明

长104厘米　宽64.2厘米　高87厘米

明清时期，有些桌案的设计别出心裁。腿足分两段制作，有机关可以折叠、拆卸；收起腿足成为矮桌，展开腿足则成高桌。该桌没有这种功能，而徒有其形式而已。外形上仿佛是矮桌与高足的合体，而且腿部上下有截然不同的方、圆两种形态，乍一看貌似折叠结构，其实不过取其外形，制为一种式样而已。

腿足自上而下一木连做，以束腰方腿矮桌配上落地的圆直腿，的确是个别致的造型。小波折的束腰、小曲率的三弯腿、小尺寸的足底装饰、小力度的龙形角牙支撑，加上工整繁丽的双凤朝阳、云朵映带、折枝花鸟的浮雕，整体形象妩丽生动，面面生姿。

彼以刻工为能事者，刻士女不若刻樵牧，刻樵牧不若刻佛像，刻佛像不若刻鸟兽，刻鸟兽不若刻夔龙。盖夔龙颇仿古文，不棘于目也。蛟螭胜于龙凤，锦纹胜于蛟螭，花木胜于山水，鳞介胜于人物。此檀梨雕刻之大凡也。

清　陈浏《匋雅》

黄花梨有束腰三弯腿霸王枨方凳

明

边长 55.5 厘米　高 52 厘米

大曲度的三弯腿产生了极为柔美的外形，代价就是材料的奢费。因为木材无法像竹子那样容易加热变形，而是需要整料裁做。凳面是规矩的正方形，硬朗的直线直角，与柔美的腿部曲线形成极大反差，由此而产生美感。腿足造型合乎中国书法线条的特征，长短、粗细、曲直自有法度，而这种雅致同样需要材料和人工的奢费。腿足间没有任何连固部件，这也是与众不同之处，目的是使足间优美的壶门轮廓保持完整。霸王枨虽能挺得住一时安稳，耐久性却多少有点令人担忧，看来也只能牺牲结构的牢固来换取其身姿的曼妙了。

黄花梨有踏床交杌

明

长 55.7 厘米　宽 41.4 厘米　高 49.5 厘米

此物原为西北游牧民族生活起居常备之物。考古知识告诉我们，这些马上民族也不见得是它的最早使用者。将视线投向人类文明拂晓时期的古埃及，第十八王朝图坦卡蒙王墓就出土了一件造型与此类似的黑檀木交杌，以黄金和象牙为饰；三千五百年前能有如此物用，真令人无法置信。

交杌古称『胡床』，经由丝绸之路传入中原该是在汉代。《后汉书·五行志》载：『灵帝好胡服、胡帐、胡床、胡坐、胡饭、胡空侯、胡笛、胡舞，京都贵戚皆竞为之。』皇帝口味比较特殊，势必有人追随，时日一久，便见怪不怪了。《晋书·五行志》曰：『泰始之后，中国相尚用胡床貊槃。』可见在西晋时，胡床的使用在中原已很普遍。

唐太宗说过『隋炀帝性好猜防，去信邪道，大忌胡人，乃至谓胡床为交床』。皇帝忌讳这个『胡』字，它就改了名叫『交床』了。宋代以后逐渐不再用『床』来指称坐具了，坐具名称有了更多的区分，也有的地方称这一古老坐具为『交杌』、『马扎』，这些名称一直沿用至今。

黄花梨霸王枨条桌

明

长 98 厘米　宽 48 厘米　高 78.5 厘米

方腿而无束腰的造型不常见，它所处的时代应该没有太多崇尚虚饰、追求浮夸的氛围。俗话『外行看热闹，内行看门道』，喜欢它的人，自然领会它的可贵之处：在简练的外形中透露出均衡、谐调和动感。桌面下的霸王枨和足底的高马蹄看上去简单，其实很费工料。在不显眼的地方下工夫，正是明代家具的味道。如此轻盈挺拔的造型，不需要任何多余的雕饰，如诗词之含蓄，无需多字，尽得风流。

黄花梨有束腰齐牙条炕桌

明

长 108 厘米　宽 69 厘米　高 29.5 厘米

有束腰三弯腿造型同样适合雕刻精美的纹饰，腿足上端威猛的兽面雕刻与兽爪攫球的足底装饰相呼应，与许多素雅的无束腰直足类型的炕桌形成鲜明的对比。牙条上刀法圆熟的双螭卷草灵芝纹浮雕，让人远远就能感受到它的精致。牙条两端与腿足垂直平接，而非四十五度格角榫结构，这种『齐牙条』的处理方法是为了尽量保持桌角兽面图案的完整，此处颇见匠心。兽面的刻划尤其生动，毛发飞扬，双眼怒睁，鼻息呼之欲出。

黄花梨两卷角牙琴桌

明

长 120 厘米　宽 51.8 厘米　高 82 厘米

该桌用黄花梨木制成，四面平式。它既无束腰，又无冰盘沿，而是四面平齐。腿四方，内翻马蹄足，四腿与桌面夹角安两卷相抵角牙，桌面面板有上下两层，形成一个中空的共鸣箱，内有铜丝弹簧装置，一拍桌面，嗡嗡作响，这种装置有助于提高古琴音质，因此这是一具特制的琴桌。琴桌通常见于书房内，上置古琴，即使不弹，视之如闻其佳音。书房是读书写作、吟诗作画之处，是寄托文人情感世界的特殊场所。文人在舞文弄墨之余，抚琴轻弹借以抒情遣兴，不失为一种古雅之趣。

黄花梨插肩榫翘头案

明

长 140 厘米　宽 28 厘米　高 87 厘米

案面的狭窄限制了它的适用范围，除了靠墙用来陈放文玩摆件以外，还可用作琴桌或展看书画手卷。看似不经雕琢，可品质的优异从来无须赘言，仅从优美的腿足和牙条的轮廓，以及连接二者的复杂的插肩榫结构，即知数百年前打造该案的木工师傅构思之巧、手艺之精绝不亚于当今任何级别的工艺美术大师。用寻常元素表现出不寻常的艺术化构形，在不经意间感染了周围的空间，才是它的魅力所在，而这个简单的元素就是『线脚』。

在同一种文化类型中，家具的结构和装饰多受建筑的影响。『线脚』一词就来自建筑术语，它泛指各种装饰性线条，其方向单纯、线条简洁、形式多变。通常沿水平或垂直方向出现在家具的主要构件上，无需大事雕凿，就能产生良好的视觉效果。以本案腿足为例，位于边缘的可称『灯草线』，居中垂下的叫做『两柱香』。此案虽是小器，又非必需，可是居家陈设有它无它，效果大不一样。

黄花梨夹头榫翘头案

明

长 141 厘米　宽 47 厘米　高 83 厘米

夹头榫是案形家具最常用的榫卯方式，在腿足顶端出榫、开槽。出榫以连接案面边框，开槽以嵌夹牙条。拍合之后腿足与案面和牙条的角度得以固定，并将案面的承重导向腿足，不易松动，经久耐用。在这种榫卯结构之下，腿足高出牙条表面，在外观上和插肩榫有明显区别。正面轮廓直角四方，了无一饰，只在侧面饰有两处壶门曲线，一处在案头下腿足间，一处在足底端托子两边，都很隐蔽，不易发现，让人回味于隐与显之间，内敛而不外露，含蓄而不张扬。

黄花梨木色泽柔和，纹理洒脱，人见人爱。俯视此案面板，木材纹缕流转回荡，如行云飘曳、涧水急湍，令人百看不厌。其中还有不规则状的圈环围绕二三斑点，斑点颜色略深，成像怪诞，如同鬼魅脸面，其情态可意会而难言传。此即《格古要论》中提到的『鬼面』。这种本为瑕疵的木材疤痕，却被古人视为至美。

紫檀木插肩榫大画案

明

长 192.8 厘米　宽 102.5 厘米　高 83 厘米

偌大的尺寸，移动和搬运是个难题。如何做到既保有经典的造型，又能化整为零方便挪动？古人自有办法。桌面、牙头、牙条、腿足可以自上而下轻而易举地分离拆卸。安装时自下而上进行，直到厚重的桌面安置到位后，由于插肩榫越压越紧的优点，整体联结紧密。

牙头向上卷转成云头状，形成透孔，设计目的在于消除厚重的外形常有的闷滞感。足端雕方云纹，与牙头相呼应，书卷气顿生。该案长年经用，包浆浑厚滋润，拭之光泽如玉。此案设计必出于高人，整体比例和局部线条都拿捏得很精准，绘图起稿都有难度，打造成实物还能有如此精良的效果就更难了。

牙条上刻有光绪丁未（1907 年）清宗室溥侗题识 96 字，可知该案是明末清初官居显要、精鉴别、富收藏的大文人宋荦家中传世之物，被誉为『天下第一紫檀画案』。

黄花梨一腿三牙罗锅枨加卡子花方桌

明

边长 89 厘米　高 85.5 厘米

明代家具注重按需取使、物尽其用，很多家具并非固定陈设。方桌若只用来就餐，岂不是浪费资源，其实它很少会有闲置的时候，饮茶、博弈皆可取用，陈设随意性较大。这种情况早在宋代就已经很普遍了。宋代陈骙《南宋馆阁录》记载：『秘阁下设方桌，列御书图画。』宋代绘画中的方桌有的摆放图书、手卷供人阅览，有的叠置杯盏、坛勺供仆人备餐。在宋墓砖刻《厨娘图》中，方桌还是厨具，桌上有鱼、菜刀和砧板。明代方桌沿袭宋代形制和功能，仍有多种用途。

该桌取明式方桌最为常见的『一腿三牙』的样式，在每个腿足上端安牙头三块，固定了桌面与腿足的夹角，结构的牢固一目了然。腿足之间向上拱起的横档俗称『罗锅枨』，它在这种方桌上几乎是标配，目的无非是与人方便，就座时不碍双腿而已；与众不同的是其上增加了小段曲折纹样，并在它与牙条之间增设了云头纹卡子花，这些低调的装点，再加上腿足上简括的『甜瓜棱』线脚，使原本朴素的外形有了清丽、秀雅的视觉效果。

紫檀无束腰裹腿罗锅枨画桌

明

长 190 厘米　宽 74 厘米　高 78 厘米

典型的书房家具，时代特征鲜明，文人气息浓厚。圆腿圆枨，南方称之为『圆包圆』。色泽深沉，经年使用木质黝黑莹润，养目怡神。黑漆面断纹斑驳，光泽内敛。罗锅枨裹腿做，紧贴桌面，放大了使用者的腿部活动空间，造型也更为质朴，耐人寻味。紫檀木家具久用之后其色近黑，古时杂木家具也常常饰以黑漆。古人对黑色必有特殊的理解，北宋张师正《倦游杂录》有语：『五色皆损目，惟黑色无损。』

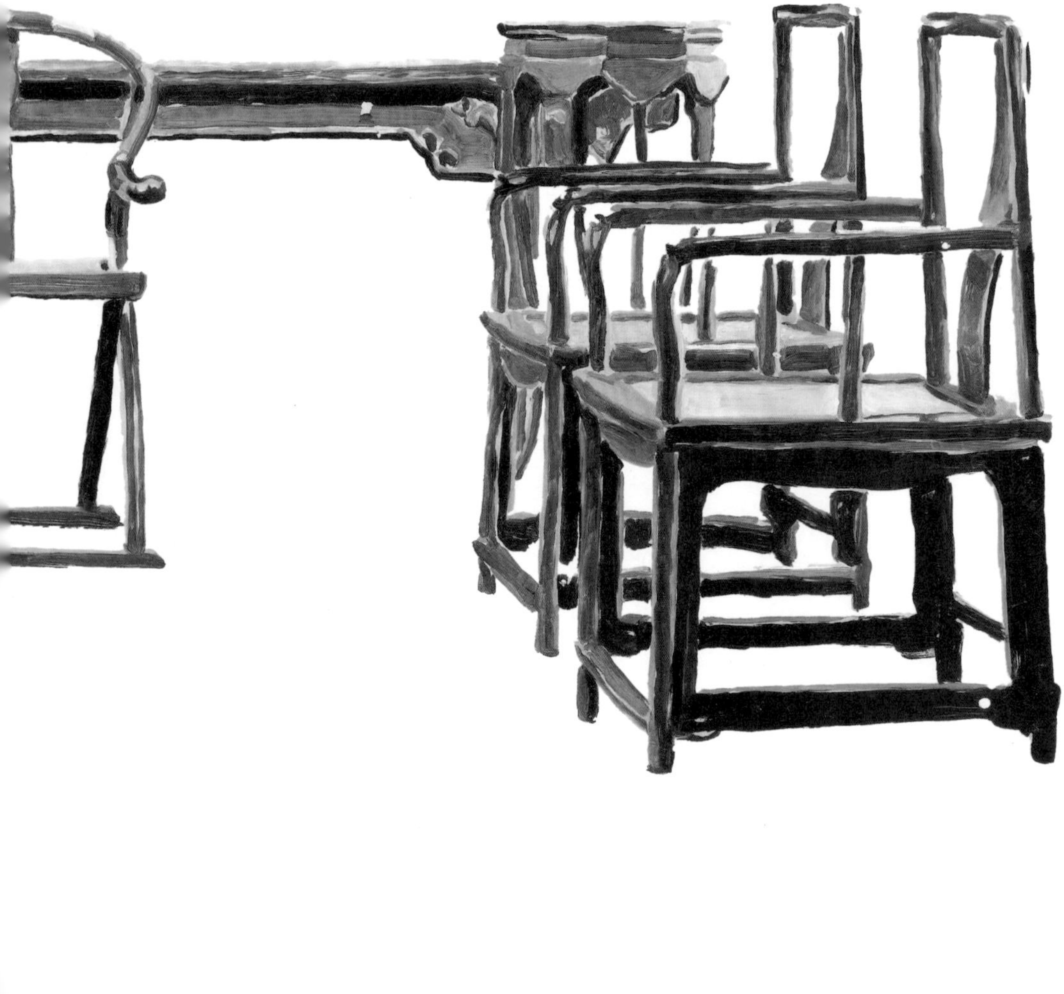

① 黄花梨圆后背交椅

明

长 70 厘米　宽 46.5 厘米　高 112 厘米

黄花梨色泽柔和，不静不喧，纹理自然流畅，变化莫测，深受文人士大夫青睐。该交椅的椅圈分五段接成，使之扣合严密连为一体的是楔钉榫。这种榫卯结构在外观上很不显眼，却是赢得优美外形的关键，同时也为实际使用打下了扎实和稳固的基础。整个椅圈圆婉柔和，一顺而下，为颈部和手臂的休息提供了良好的舒适度。

靠背板攒框做，镶板透雕，自上而下有螭纹、麒麟、壶门亮脚。不用独板主要有两个原因：一是靠背有弧度，独板需要耗费大料挖作，而攒框做可以利用小料；二是攒框做可以镶嵌薄板，易于透雕装饰。主要构件交接部位镶白铜饰件，兼有加固和装饰双重作用。座面、腿足可以折叠，是为了便于移动和携带，故常在户外使用。居家陈设多摆在显著位置，有凌驾四座之势，是尊贵和等级的象征。

③ 黄花梨四足八方香几

明

长 50.5 厘米　宽 37.2 厘米　高 103 厘米

香几因陈置香炉而得名。不论室内室外，一般都居中陈置，四无依傍，面面宜人观赏。造型设计一般不作方向上的侧重，各个角度的观赏效果不会有太大差异。四足而八方，香几之变体。几面攒框，八角八方。牙子波折，状如锦袱。腿子三弯，亭亭玉立。炉柱常燃，青烟袅袅，几形婀娜，互为渲染。制者不避其烦，观者百看不厌。少见，难得。

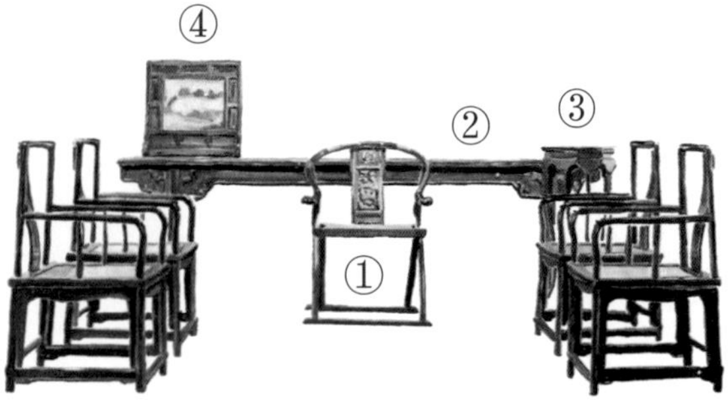

② 黄花梨木夹头榫大平头案

明

长 350 厘米　宽 62.7 厘米　高 93 厘米

材质优良、工艺上乘的黄花梨家具传世极少，如此长度需用大料开制的明代大案更是罕见。这样一件重器，在收藏界自然是久为人知。黄花梨无大料，所以凭此案的进深，案面必为攒边做，而此案面心却是一块通长整板，手感温润，光泽如玉。明代家具通常会在牙子边缘起阳线，小件称之『灯草线』，大件谓之『皮条线』。此案之皮条线组成『两卷相抵』的图案，如钢筋铁骨，卷转有力。除此之外，整个看面没有其他任何装饰。

从侧面看，腿部造型讲究，有『香炉腿』之誉。几乎所有的装饰尽在此处，结构与线条的比例权衡臻于完美。如：脚枨之下以大料雕成『两卷相抵』图案，盘居其上的是卷云纹圈口，皆遒劲有力，气息古雅。然而此种颇费工夫和银两之刻意雕饰，须绕行至侧面且蹲踞下来才能看得清楚，着实令人诧异。此应属明代审美偏好，常在家具的不显眼处进行装饰，与清代以来直至当下盛行的凭『显而易见的华丽』来吸引眼球的庸俗作风大异其趣，是为该案又一可贵之处。

④ 黄花梨小座屏风

明

长 73.5 厘米　宽 39.5 厘米　高 70.5 厘米

从尺寸大小看，属于桌屏，但不是常见的置于书桌上的那种小巧的砚屏，因为它的尺寸太大了，除非有更大尺寸的画案与之般配。宋、元绘画中，这样大小的屏风多见置于榻上一端，夏日里，庭院中，卧于榻上消夏，此屏可用来挡风。不过，在大多数情况下，它往往会出现在厅堂的供案或者墙边的条桌上，成为居室中的一道风景供人欣赏玩味。

屏面与底座为固定连接，不是可以随意装卸的插屏。屏心原为云石板，因破碎而撤去。虽名为小座屏风，却如实地仿照了大座屏风的造型、结构和装饰。与故宫景仁宫门内大如照壁的明代白石大座屏风颇为相似。比如屏板分成大小十一格，上面三个横排，两侧左右各两个竖列，装透雕卷草纹海棠式开光的绦环板。下面三个横排，装素面板。不同的是故宫那个白石屏的底座上雕的是蹲龙，而本例的底座为如意云头抱鼓蕖花，外加站牙。这种做法合乎规范，虽然与清代匠作则例规定的做法很相似，但在明代应该早已流行。总体而言，它给人简净质朴的印象。雕花适度，文气而不张扬，在黄花梨木那种若隐若现的纹理的映衬下，散发着幽幽古意。

黄花梨木五足内卷香几

明

径 47.2 厘米　高 85.5 厘米

造型如同木瓜，和常见的香几大异其趣。束腰下插肩榫的用法显示出结构和工艺上的严谨。肩、腿平齐，边缘起阳线，顺足而下直达足底，令腿足线条筋骨毕现，不像清式家具腿足表面常常太过丰满。五足内侧原来都有霸王枨，脱落后榫眼已被填没。霸王枨使几面可以负重，除了可放置较大的香炉以外，用作花几也未尝不可，否则霸王枨就没有多大作用，省去反而显得简括精练，更符合今人口味，或许因此而没有补装。

黄花梨木夹头榫高罗锅枨小画案

明

长 102 厘米　宽 70.2 厘米　高 81.5 厘米

尺寸虽然不大，却很适合用作画案，再说画案也不只此一种用途，琴棋书画皆可取使。从宽度和进深看，一人使用已是绰绰有余。古人日常所用的书桌、画案并非个个都需要很大的尺寸。罗锅枨高高拱起，是为了留出案下空间，方便就座。须以窄牙条与罗锅枨匹配，可得最佳比例，牢固与美观兼顾。

黄花梨木雕花高面盆架

明

径 60 厘米　高 176 厘米

在黄花梨材质的高面盆架中，这是雕刻较为繁缛的式样。搭脑出挑圆雕龙首，是远观之下最显眼的装饰。走近观看，中牌子才是装饰的重点。所嵌之透雕花板，作麒麟送子图案，寓意吉祥；主题周围满雕芭蕉、树石，纹饰喧炽，稍嫌甜俗。中牌子上下装壶门牙子。两侧挂牙锼雕草龙，本来是起加固的作用，却成了多年后最容易缺失的构件，能保全至今殊为难得。

麒麟送子的图案很容易让人联想到它曾是一件嫁妆。古时候嫁妆象征着女儿在夫家的地位。嫁出去的女儿，泼出去的水，父母的爱此时只能体现于嫁妆。嫁妆寄寓的是父母为女儿在一个陌生的地方争取生存空间的物质基础。作长远观，昂贵的嫁妆还能在不远的将来显示正房的地位，让小妾有低人三分的感觉。有妻有妾，有贵有贱，嫁妆真的是地位的象征。

周灵王立二十一年，孔子生于鲁襄公之世。夜有二苍龙自天而下，来附征在之房，因梦而生夫子。有二神女，擎香露于空中而来，以沐浴征在。天帝下奏钧天之乐，列以颜氏之房。空中有声，言天感生圣子，故降以和乐笙镛之音，异于俗世也。又有五老列于征在之庭，则五星之精也。夫子未生时，有麟吐玉书于阙里人家，文云：『水精之子，系衰周而素王。』故二龙绕室，五星降庭。征在贤明，知为神异。乃以绣绂系麟角，信宿而麟去。

东晋　王嘉《拾遗记·卷三》

黄花梨三足香几

明

径 43.3 厘米　高 89.3 厘米

造型取束腰三弯腿外翻马蹄式，为圆形香几之常式，大曲率的腿部线条弧度柔缓内敛而不失挺拔。圆形构造为明代香几样式所常见。几面通常为攒框打槽装板而成，做成圆的要比方的麻烦得多。冰盘沿线脚使几面显得秀气，这样也显得与下面纤细的腿足相般配。

腿足以插肩榫与牙子平接。这种榫卯结构较为复杂，在构件有一定弧度的情况下，制作难度更高。牙子正中的卷草纹浮雕和壶门轮廓，其实是腿足边缘阳线的图案化的延伸。环形托泥分四段拼成，因有三小足支承而略悬于地表。

香几自上而下均为曲线构造，看似轻盈和纤细的构件实际上都需要大料剜削而成。追求造型美的代价，无疑是材料和工钱的更多花费。这样的制作可以说是绝无仅有，堪当明式香几中的经典之作，委婉多姿，气韵不俗。

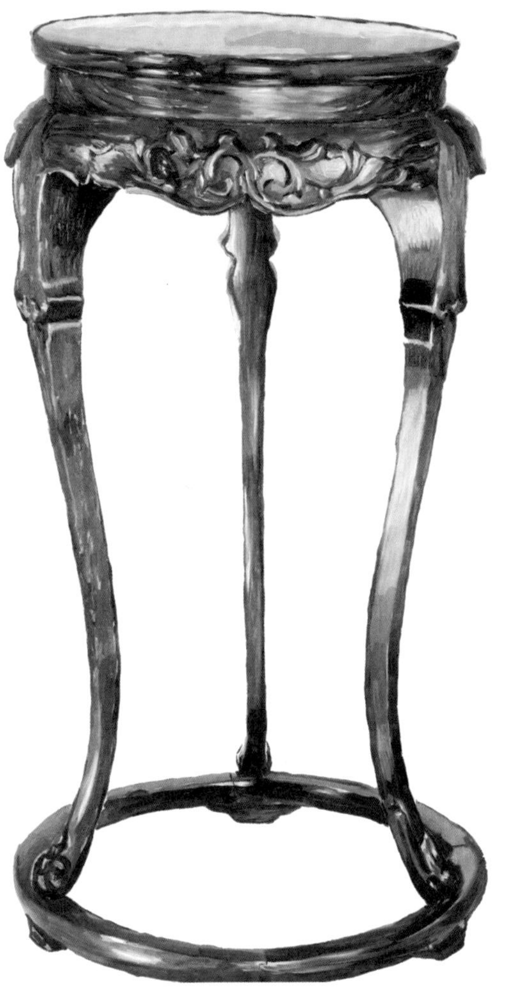

明黄花梨圆后背交椅

明

长 70 厘米　宽 46.5 厘米　高 112 厘米

交椅的基本结构定型于宋代，可折叠，便于携带，室内、户外皆适用，灵活而不失稳重，是权力和地位的象征。该交椅椅圈分三段以楔钉榫攒接而成，曲线优美、流畅、有力度。攒靠背，上端透雕螭纹开光，中间透雕麒麟葫芦、山石灵芝，下端作壶门式亮脚。构件连接处镶白铜饰件，兼具加固与装饰作用。腿足间安脚踏，足下有横跗落地，稳定性较强。

黄花梨雕花靠背椅

明

长62.5厘米　宽42厘米　高99.5厘米

黄花梨木一度是制造高档家具的首选木材，色泽清雅，纹理天成，深受上层社会喜爱。该椅下半部作四面平内翻马蹄式，装饰极简。壶门牙子的曲线和居中的云纹雕花复杂而雅致。

马蹄足矮扁，兜转有力，时代特征鲜明。靠背为攒框镶板牛角式搭脑，精雕细镂，与椅座几乎素面朝天的作风迥异。图案以透雕为主，浮雕为辅，极其繁缛，有寿字、莲、灵芝、荔枝、螭、马、鸬鹚、兔子等吉祥纹样，刻工细腻传神，线条圆转柔和。明式靠背椅中造型、雕饰如此者，不曾一见。

黄花梨六柱式架子床

明

长226厘米　宽162厘米　高234厘米

床是与人关系最为密切的家具，生老病死，都离不开床。可以说，一生做人，半世在床。床的设计和做工历来都是很讲究的，甚至制作之始还要举行隆重的仪式。据说古时江南一带制作婚床时，主人要祭拜神灵，祈求子孙满堂。富家大户中，床所在之处俨然是一道隐秘的景观，虽有庭院、厅堂、厢房几道门重重把关，许多床仍被打造成体积庞大、结构复杂的『房中房』、『屋中屋』。

此床的构造不算复杂，却处处美不胜收。下有三弯腿内翻云纹足，上有挂檐镶绦环板，镂雕『双龙戏珠』和『双凤朝阳』，显示了主人的身份和地位。壶门牙条雕卷草双螭。六柱式藤编床面，门围子雕麒麟纹，是民间『麒麟送子』风俗的写照。

床围子做工繁复，且围且饰。小木料被锼镂成灵芝云纹，四朵一组，以栽榫斗拢成『四簇云纹』，有『好运连连』的寓意；再用『十』字形构件攒接成工整的云纹锦图案，展『花团锦簇』之妙。黄花梨再昂贵，也只能显示床的身价，而各种吉祥纹样却能营造喜庆祥和的气氛。

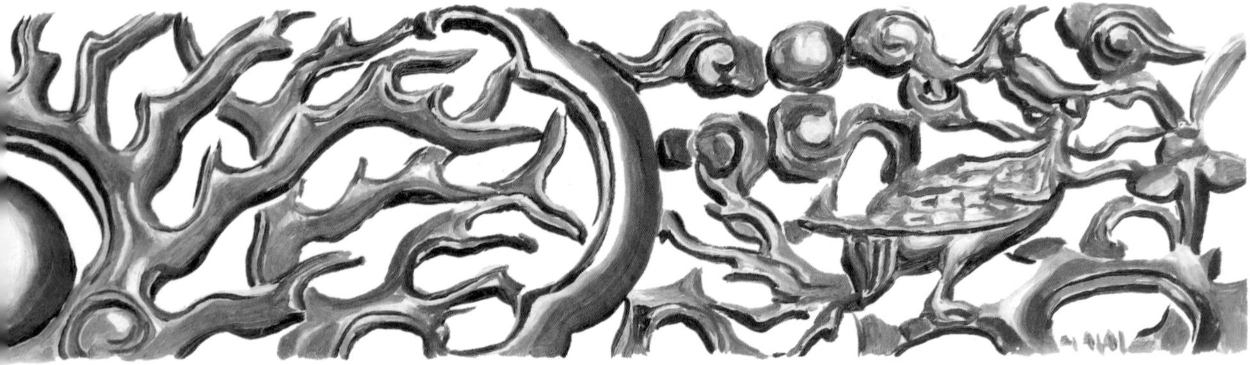

每迁一地，必先营卧榻而后及其他。以妻妾为人中之榻，而床第乃榻中之人也。欲新其制，苦乏匠资，但于修饰床帐之具，经营寝处之方，则未尝不竭尽绵力。犹之贫士得妻，不能变村妆为国色，但令勤加盥栉，多施膏沐而已。其法维何？一曰床令生花，二曰帐使有骨，三曰帐宜加锁，四曰床要着裙。

清　李渔《闲情偶寄》

铁力床身紫檀围子三屏风罗汉床

明

长221厘米　宽122厘米　高83厘米

造型和纹饰都受到中国古代建筑的影响，如围子用紫檀木小料以攒接法拼成『曲尺』图案，这种纹样在云岗石窟北魏栏杆上已有使用，在明清建筑的窗棂和围栏上也时常可见。中国古代家具善于从建筑上吸取素材的设计理念由此可见。鼓腿彭牙的床身显然需要使用大料，而紫檀大料往往难求，这也许是床身使用铁力木制作的原因。铁力木有大料，木质坚硬，材性稳定，色泽深沉，是最好的代用材。不过，床身和围子分别来自两个床再拼凑而成的可能性也存在。

罗汉床在民间也称『弥勒榻』，因围子类似建筑结构中的罗汉栏板而得名，也有此物早期常用于佛教寺院因而得名的说法。在功能上，罗汉床不同于专门用作卧具的架子床，它在厅堂、书房、卧室中皆可设置，坐卧咸宜。可用以睡眠，也可用以消闲静摄，颐养心神。

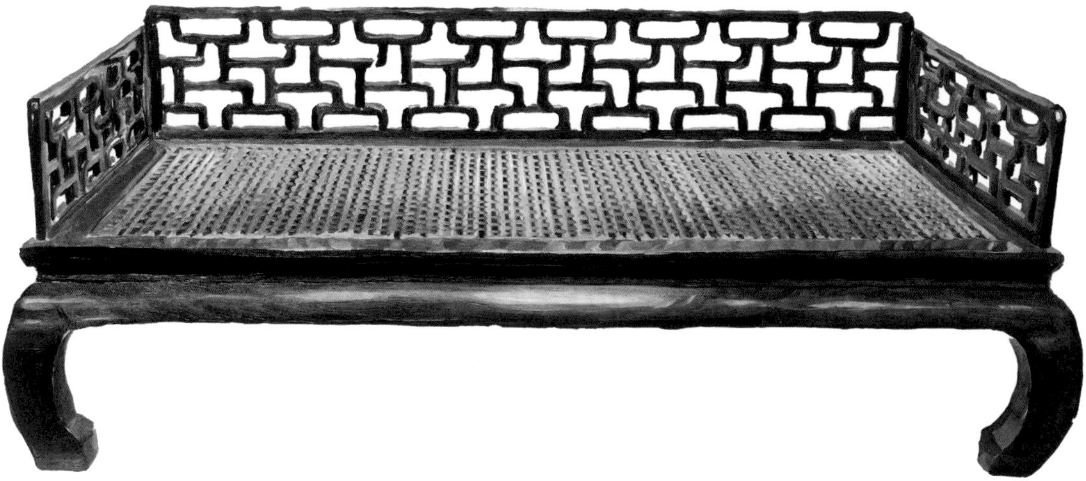

紫檀木直棂架格

明

长 100.3 厘米　宽 48.2 厘米　高 179 厘米

这种直棂透空的设计通常出现在放置食具食品的柜橱上，能将猫儿拒之于外，令其偷吃不得，北方民间俗称『气死猫』。但是，从昂贵的木材、特别的设计以及考究的做工来看，本例未必会是这个用途，很可能是收藏古籍、文玩等珍贵物品的专用家具。

架格制为上下两个部分，可以分离。上面分三层，后背装板，包括正面两扇门在内的另外三面都装木轴直棂。直棂分三段，以两道小木料攒成的扁方框作间隔。下面有独立的双层几座，上层设抽屉两具，下层露空而仅有层板。层板下四面安八个曲尺形的素牙头。后背板、层板以及抽屉内都用铁力木，其余都选用上等紫檀。架格在设计上有独到之处，主体结构采用『圆包圆』的形式，造型整饬，方中有圆，圆中有方。落实到做工上则要求主要部件包括直棂都必须削为圆状，才能获得如此浑圆的外观，代价就是人工和材料的花费都要相应增加。由此看来，貌似素朴的制作其实并不省钱。清代以来受西洋庸俗美术观渐染，国民审美品位江河日下，家具装饰多以华丽、花哨为尚。像这样美不外露、低调而耐看的佳作逸品殊难留存，故多年来相同的传世品几无所见。

书架有大小二式，大者高七尺余，阔倍之，上设十二格，每格仅可容书十册，以便检取；下格不可以置书，以近地卑湿故也。足亦当稍高，小者可置几上。二格平头，方木、竹架及朱墨漆者，俱不堪用。

明　文震亨《长物志》

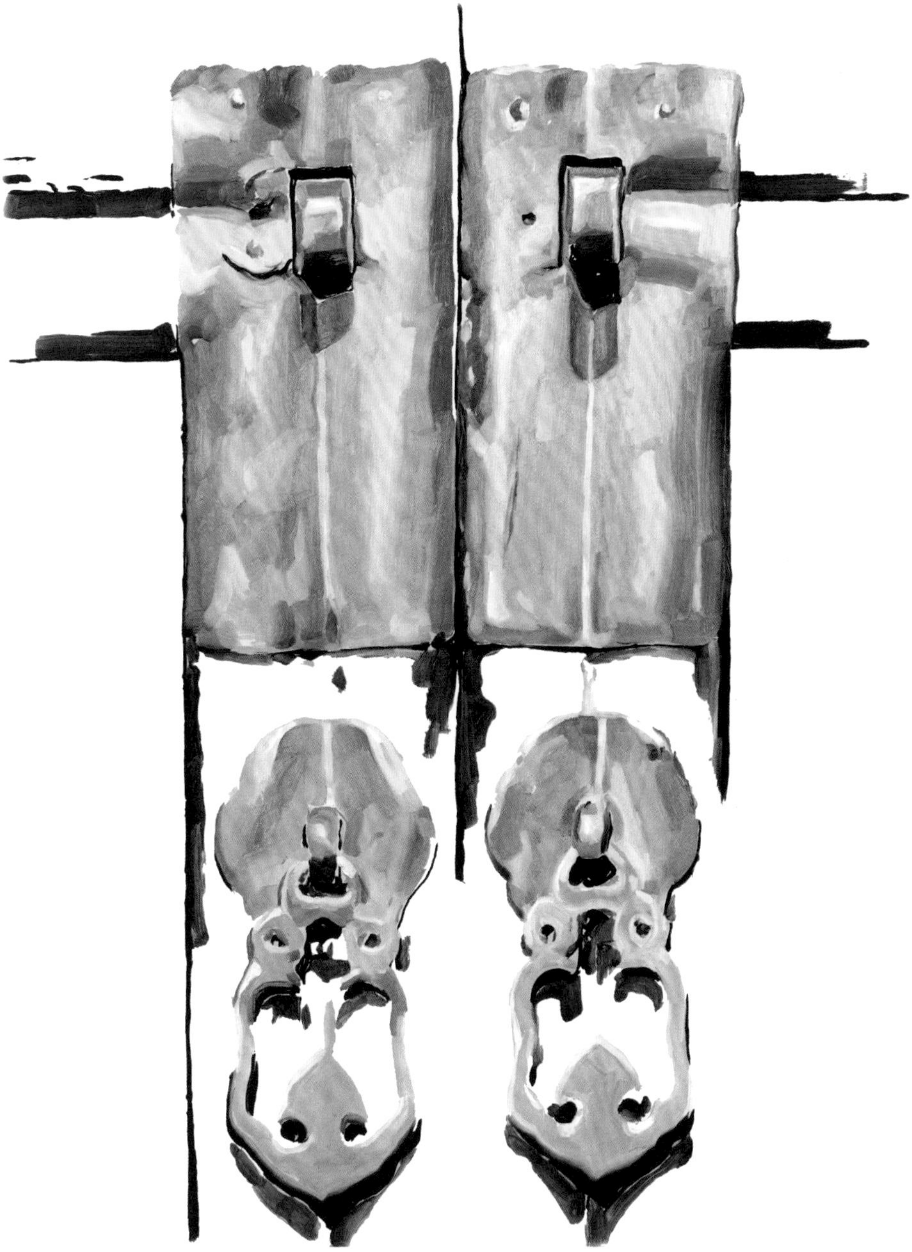

黄花梨透空后背架格

明

长107厘米　宽45厘米　高168厘米

典型的书房家具，可用来存放古籍、文玩。造型轻盈，式样别致。该架格为两层，中间隔以抽屉二具。正面和侧面仅饰有简单的壶门券口。背面为网纹棂格。线型构架的运用使明代家具成为空间的艺术。四面透空的设计使空间相互映衬，透过一个空间能看到另一个空间。从正面和侧面的壶门的两个角度能同时看到背面的网纹棂，两种雅致的平面图形在透视中产生关联。

明人审美有别于后世，尤表现在家具审美上，常将费力耗时的装饰施于暗处。此例正面、侧旁都平淡无奇，繁复之处竟在后背。后背空间被线型木件分割整合为装饰图案。面积虽大，乃由小木料攒接而成，先以细短小料裁作弧形；再与四瓣花形雕件攒接、组合成空灵疏朗的波状网纹棂格；最后围以边框形成一扇兼有实用和装饰功能的透空后背，以活销固定在架格背面，令安装、拆卸轻而易举。此设计乃受园林建筑的影响，明代造园专著《园冶》中所绘栏杆图案中就有类似的图形。

黄花梨品字栏杆架格

明

长 98 厘米　宽 46 厘米　高 177 厘米

家具是体现建筑功能，沟通人与建筑关系的媒介。建筑的各个单元结构因用途的不同，所陈设家具的格调亦不尽相同。书房乃舞文弄墨、修身养性之处，是维系文人情感世界的特殊场所，书房家具的品位必须满足文人高层次的精神需求。由此看来，这对架格不仅是用来存放古籍、文玩的书房家具，而且本身就应该具有一定的鉴赏价值。

架格隔板三层，均以横、竖短材攒成『品』字形围栏，其上安双套环。正面上层隔板之下貌似有雕花饰板两块，其实暗藏抽屉二具。正因未装吊牌或拉手，故抽屉脸之螭纹浮雕完整流畅。除以上装饰之外，架格还充分运用了『线脚』装饰，主要框架表面打洼成凹弧面，抹棱踩委角线，变方刚为圆柔，化平拙为纤巧。其轻盈而巧秀的外观不单凭人工雕凿，所有人为的装扮须与黄花梨的天生丽质相配，做到繁简得宜、文质彬彬，此为匠心所在。

黄花梨凤纹衣架

明

长176厘米　宽47.5厘米　高168.5厘米

两方厚木作墩子，中部向上拱起，浮雕方卷云纹。植立柱两根，前后有站牙抵夹，透雕卷草纹。两个墩子之间装格子板，既是结构部件，能加固衣架；又是功能部件，可以摆放鞋子。上面可按需要分层披挂衣物。

顶帐两端出头部位圆雕舒卷绽开的花叶纹，极富张力，似为莲纹的变体。中牌子由三块透雕凤纹的绦环板构成，图案一致，工整雅致。纵横构件相交处均有透雕拐子纹的角牙加固。

所见黄花梨衣架中，这是制作最为精美的一件。选材、设计、木作、雕花均属上乘。从民国时期开始，这个衣架已多次出现在国外出版物上，数十年来仍能留存于国内而未外流，幸甚。

黄花梨玫瑰椅

明

长 56 厘米　宽 43.2 厘米　高 85.5 厘米

北方称『玫瑰椅』，南方称『文椅』。文椅据说因文人喜欢而得名，而玫瑰椅的命名至今不得其解。该椅四腿穿过座面，直接与搭脑和扶手以闷榫连接。闷榫在外形上类似烟袋锅子，这种做法虽然稍为费料，但较之常见的那种 45 度相交的格角榫更为牢固，也是较为古老和讲究的做法。此种构造上下贯通，不易损坏。

玫瑰椅的最大优点就是个头儿小，轻巧灵便，男女老少谁都能搬得动。靠背低矮则不遮挡视线，室内陈设处处相宜，好像摆在哪儿感觉都不错。缺点在于靠背太低只能端坐，适合读书写作而不适合休息。然而在古人眼里，缺点也是有用的。类似的椅子早已出现，在唐代李匡乂《资暇录》中被称为『折背样』，言其高度不及坐者背脊之半，不能随意倚靠，据说可以规范坐姿。

黄花梨四出头官帽椅

明

长55.5厘米　宽43.4厘米　高120厘米

官帽椅因造型略似古代官帽而得名。这种椅式最能彰显黄花梨的材质优点。黄花梨适中的颜色和自然天成的纹理，很适合用来表现线条柔婉的明代椅式，颜色太深或太浅都不会有这种效果。

既有古典美感，又隐含现代设计理念，不是所有的黄花梨家具都有这个境界。这把椅子与今人的审美观不谋而合，以至于有人不相信它是几百年前的制作。搭脑、靠背板、扶手、联帮棍、鹅脖都有一定的弯曲度，虽然工、料俱费，但符合人体工程学原理，照顾到就坐者的舒适感，同时也有优雅的外形效果。值得注意的是，『四出头』的部分，即搭脑两端和扶手前端，一改常见的那种扁圆造型，以简单直白的截面处理来加强线条美感的整体表达，是一件审美价值较为突出的实例。

紫檀扇面型南官帽椅

明

长 75.8 厘米　宽 60.5 厘米　高 108.5 厘米

大尺寸的紫檀木椅子，流传至今的以清式造型居多，鲜见明式。像这样四件一式明代风格实属难得。近距离观察还能发现，它通体使用精选上等紫檀。舒展而凝重是它的直观印象。『舒展』来自于造型，给人一种向外舒张的感觉，舒展大方。『凝重』来自于材质，给人一种向内凝聚的感觉，内敛庄重。这两种不同的观感融于一体，非中式家具莫属。

四足外挓，侧脚显著，源于中国古代建筑结构中柱子的风格。座面前宽后窄相差15厘米，前后边框向前弧凸，座面呈扇面形。搭脑向后弧凸。靠背板为S形曲线，浮雕牡丹纹开光，纹样和刀工略似剔红漆器，除此之外几无雕饰。座面下三面都安『洼堂肚』券口牙子，并施灯草线装饰。管脚枨使用明榫，而且榫头外露。这种做法常见于明代早期家具和建筑，有大木梁架的特征。此椅腿足较细，榫头露出少许，是为了增加榫卯结构的接触面积，增强连接牢度，非但不显得累赘，还具有独特的装饰效果，成为该椅一大看点。

明黄花梨透雕靠背圈椅

明

长 60.7 厘米　宽 48.7 厘米　高 107 厘米

座面下安壶门式样的券口牙子，线条圆熟、劲挺，轮廓优雅。鹅脖、后腿和靠背板上端都有卷草纹托角牙子。这些小零件可不是毫无用处的摆设，它们担负着重要的加固功能。明式家具上几乎所有的部件都具有实用功能，很少出现纯粹装饰的构件。椅圈三接，形成搭脑与扶手一顺而下，线条圆婉柔和，就坐时可以承托整个手臂，既舒适又美观。靠背板下端镂壶门亮脚，上端透雕麒麟纹开光，麒麟张口吐舌，鬣鬃上冲，形象栩栩如生，为点睛之笔。

紫檀木雕云蝠番莲纹架几案

清

长 335 厘米　宽 52.5 厘米　高 102 厘米

所谓架几案就是在两个造型和纹饰完全相同的几座上架上一块狭长的面板。该案面板四边剔地满雕云蝠纹。几座上装透雕西式番莲纹的圈口牙子，洋味儿十足。清代受西方文化影响，喜好在家具上雕刻『洛可可』式的纹饰，而此时的欧洲家具正值洛可可艺术风的高峰。同时期的清代家具在艺术上渐渐不思进取，而洛可可艺术自身隐含的中国基因，使之极易为中国文人所接受，由此产生中西结合、相映成趣的艺术效果。

浅雕者，添配陈设花木之类，即稍愈于透雕。镂空者谓之透雕。

清　陈浏《匋雅》

剔红花卉纹方桌、凳

清

桌：高 51.5 厘米　宽 43.5 厘米

凳：高 50 厘米　宽 42.2 厘米

剔红是漆器工艺的品种之一，制作方法复杂，工艺难度较高。先要用性质稳定、不易开裂和变形的木材制作器胎，其上层层髹漆至所需厚度，然后在漆层上雕刻花纹而成。由于程序至为繁琐，故常用于小件器物。清代以后，民风日奢，剔红工艺大量出现在家具上。此套桌、凳属清代晚期制品，以木为胎，外髹大红生漆，三弯腿外翻云纹足，足下有圆球与托泥相连。桌、凳面作四瓣花形，满饰花叶纹。此类家具用尽工巧却极易损坏，其存在的价值往往体现于某些特定的场合，比如用来装点喜庆的场面——张灯结彩满堂红。彼时面对大环境的无奈，唯有通过它来改变小环境聊以慰藉，在国运维艰、民力凋敝的岁月里，营造出一种欢天喜地的气氛。

紫檀木束腰珐琅面心方凳

清

边长 42 厘米　高 52 厘米

高型坐具在北宋中叶以后才多见于文献记载，南宋《东京梦华录》、《梦粱录》和《武林旧事》里有很多相关的文字记录，南宋绘画中也常见凳子的形象。然而，实物的使用总是在文字记载之前，凳子的出现必然早于南宋。此后近千年，凳子已有了很多造型，除了结构上的改进，还有更多装饰上的变化。

此方凳有束腰和托泥，造型讲究，结构合理。直腿四方的做法符合力学原理，牢固耐用。面心镶整块掐丝珐琅，『洛可可』式的番莲纹样精工细作，疏密有致，繁而不乱。格调和品质与时代相符，属于清代中期宫廷紫檀做工。『做工』的含义，与造型、装饰的手法和程度无关，而是与格调和品质有关，需要较高的美学和工艺含量。

紫檀木束腰委角杌凳

清

边长 30 厘米　高 52 厘米

清代中期宫廷紫檀做工。高束腰鼓腿结构，凳面委角曲边，外形可说是费尽了心机，美不胜收，唯独缺乏牢度，给人华而不实的印象。这种不方不圆的小型坐具，虽然仍属高制家具，但相对来说体积较小，高度较低，线条纤柔，承重较轻，适用于女子，常被唤作『杌子』、『杌凳』、『杌坐儿』，以区别于较大、较高的方凳和圆凳。

紫檀鼓腿彭牙卷书搭脑扶手椅

清

长 77 厘米　宽 57.5 厘米　高 105.5 厘米

体量之大已超出实用的需要，说白了就是坐上去并不舒服。虽然它不能与宝座相提并论，却同样超越了普通坐具的功能，成为身份和等级的象征。由于此类扶手椅只能端坐，不能倚靠，因此扶手和靠背的形式更加自由，可以不受人体尺度约束，旨在明贵贱、示等威。

该椅如同是在一个大凳子上安上了透空的三块围子。每块围子都独立于座面之上，高低有序，作波折起伏之形，宛如丘坡。靠背板浮雕蝙蝠、石磬、流苏纹样，寓意『富庆有余』。座面下鼓腿彭牙矫健挺拔，内翻马蹄足兜转有力，虽然虚空其中，却是整体重心所在、气韵所在。搭脑作卷书状，有诗书传家的意味。可以说它全身上下无一处败笔，洋溢着雍容大度的气息，堪称清式扶手椅的上品佳作。

香圆几，周围绦环、折柱、托腮、彭牙、蜻蜓腿、番草、卷珠、素线、云头成做。供柜长二尺七八寸至八尺不等，宽二尺，高二尺七寸，四面帮板，荷包牙子，或湾腿彭牙。

清　李斗《扬州画舫录》

乌木小扶手椅

清

长52厘米　宽41厘米　高81厘米

精巧玲珑和清秀儒雅的外观，显示这是一件清式苏作家具。清式家具不太注重内在的表达，而是偏向于外在的修饰。此例的卷书式搭脑在当时很流行，虽是表面文章，却也是书卷气的直观表现。靠背和扶手的图案源自清代建筑中流行的『灯笼锦』门窗棂格的式样，以短小的圆棍纵横攒接而成。以几何图形作为家具的装饰要素在明代可能已经出现，至清代早期逐渐盛行。这种空间分割手段能够产生极佳的视觉效果。座面下罗锅枨加矮老的形式与之暗相符合，有异曲同工之妙。此时的家具虽与『明式』告别，仍显大朴不琢，在转型阶段里给淡净渐失、浓妆乍现的家具增添了一份清逸与大方。

紫檀木雕番莲云头搭脑扶手椅

清

长 72 厘米　宽 52.5 厘米　高 109 厘米

造型上完全是清式家具风格，搭脑和扶手饰云纹，呈阶梯状顺势而下。有束腰方腿回纹内翻马蹄足，下置托泥。靠背板和牙条等显著部位雕刻繁缛的番莲纹。这是中国式造型与西方『洛可可』式纹样在家具上的完美结合。从清代早期开始，中国的工艺美术已经开始接受西方的艺术趣味。18 世纪以后，风靡欧洲大陆的洛可可艺术开始影响中国工艺美术，由于洛可可艺术曾经受到中国纹样的影响，所以更容易融入中国家具，表现出美的适度与优雅。其纤巧而柔美的线条装饰性强，应用范围广，对当时的中国家具尤其是宫廷家具的装饰产生了极大的影响。

剔红九龙纹宝座

清

长 85 厘米　宽 61 厘米　高 101 厘米

剔红是漆器中工艺极为繁琐的品种，先要制作器胎，再层层髹漆至所需厚度，然后雕剔花纹于漆面。至清代，剔红器品种增多并逐渐向大件发展，从小型的日用生活器皿、陈设器物直至大件家具，应有尽有。该宝座木胎髹彤精雕而成。靠背、扶手取三屏风式，如意云头搭脑，花卉纹边饰。屏面雕海水龙纹，龙皆五爪，共九条。座面下束腰作，莲瓣纹托腮，鼓腿彭牙内翻马蹄足带托泥，花卉满饰。综观全器，漆色鲜艳夺目，纹饰精细入微，刀痕锋棱毕露。奢华而不失典雅，妍丽而不失庄重。与其它宝座相比，体量虽小而毫不逊色。

红木框雕漆地嵌玉石围屏

清

长 211.5 厘米　宽 3 厘米　高 202.5 厘米

清代常见的围屏在唐代就很流行。唐李贺《屏风曲》：『蝶栖石竹银交关，水凝绿鸭琉璃钱，团回六曲抱膏兰』，形象地描绘了装有『银交关』的六曲屏风，说明当时的围屏采用了金属构件连接并且可以折合。到了清代，屏风的形式更加丰富，围屏也不限于常见的四扇、六扇，还有八扇、十二扇甚至更多。

此件围屏有四扇，红木的边框说明其时代较晚。清代中期以后紫檀用料告罄，一木难求，红木，又称『酸枝木』，成为较理想的替代品。屏心剔红作锦地纹，再巧用白玉、青玉、碧玉、水晶、玛瑙等各色玉石，镶嵌出『仙童祝寿』、『缺妻敬馌』、『稷母责金』、『元祯玩月』四幅传统人物故事画面，做工精致，配色雅丽。

凡三弯腿上雕龙凤头中起阳纹线双掐珠，下雕虎爪抓珠等式，内务府无定例，制造库系总核匠工，今拟每折见方一尺用雕銮匠三工。

《钦定工部则例正续编》

中国古代匠作资料丛刊

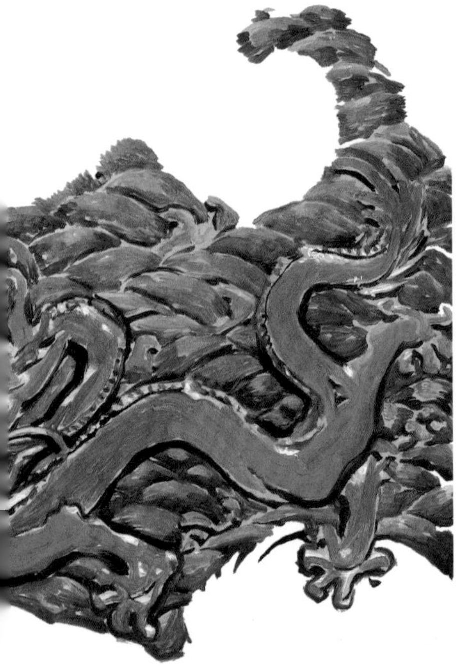

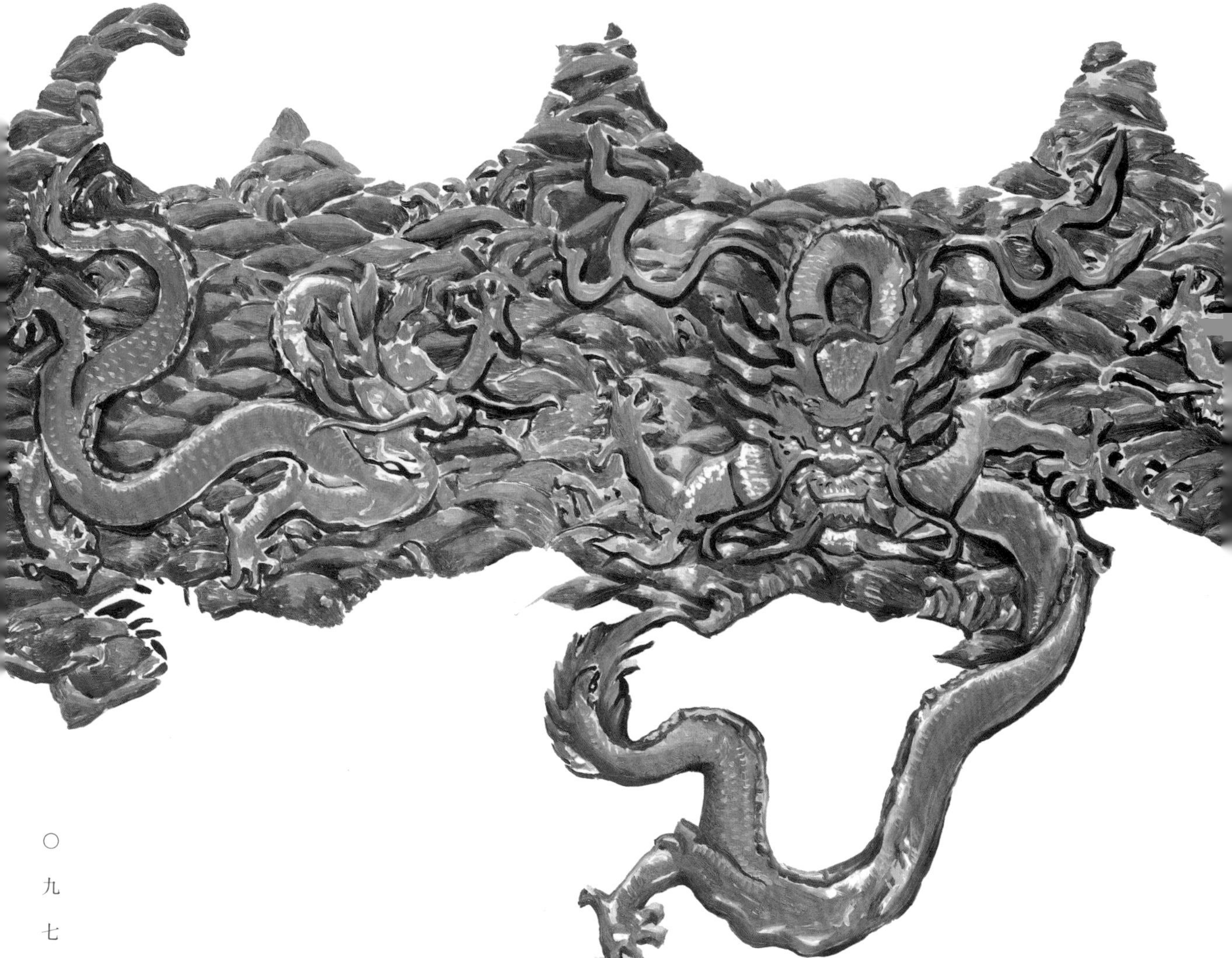

红木金漆嵌象牙宝座、屏风

清

宝座：长 112.5 厘米　宽 75.5 厘米　高 117.5 厘米

屏风：长 359 厘米　宽 29 厘米　高 225.5 厘米

三屏风围子，有束腰三弯腿结构。围子是装饰重点，贴金嵌象牙成石榴、寿桃、佛手之形，间有蝙蝠旋绕翻飞，寓意『多子、多福、多寿』，牙雕追摹自然形态，染色得当。整个画面生机勃勃、金碧辉煌，尽显皇家风范。牙条浮雕花卉，镶寿桃、蝙蝠纹掐丝珐琅，寓意『福寿』。此例取材『红木』，即今之『酸枝木』，这种木材自清代中期以后开始大量使用。

屏风与宝座取材相同，装饰相近，属于配套制作和陈设。采用有底座的立屏式样，屏座分体制作，三拼而成，浮雕工整复杂的莲瓣纹。立屏两侧有透雕龙纹站牙抵夹。屏面五扇，除了金漆嵌象牙画面与宝座相同外，还有浮雕嵌玉『五蝠捧寿』图案。立屏顶端有卯眼，故知其原有屏帽，现已遗失；从形式估计，屏帽的装饰多与站牙相仿，可能也是透雕龙纹的样式。

清代家具的装饰，有图必有意，有意必吉祥。制者顾名思义，观者望图附会。桃子玉液琼浆，是甘美爽口的佳果，有『仙桃』、『寿桃』、『蟠桃』之誉，是祝寿祈福的吉祥物。佛手花、果俱佳，其花可赏，果可入药，香味经久不散，古人常置书斋作清供以示吉祥。石榴花繁似锦，果实丰硕，形若拳石，朱腹百子，包埋房中，历来被看作是求子祝吉之物。蝙蝠之祥关乎其读音，虽面目可憎，却以音祥而受用。

范铜为质，嵌以铜丝，花纹空洞，杂填彩釉。昔谓之景泰蓝，今谓之珐琅。

清 陈浏《匋雅》

紫檀木雕云龙纹嵌玉石座屏风

清

长 375 厘米　宽 60 厘米　高 280 厘米

清代中期的家具追求外表的华丽，在装饰上求多求满。采用多种材料并用、多种工艺结合的手法，极尽富丽堂皇之能事。这些特征都集中体现在这件屏风上。它形制巨大，以紫檀木雕刻、黑漆描金彩绘、玉石镶嵌等手法制成，由屏座与屏身两部分构成。

屏身五扇，高度由中间向左右递减。每扇又分四段进行装饰。上下两段为高浮雕张牙舞爪的升龙，龙的刻划生动传神。周围高浮雕地滚云，层层叠叠，气势壮观。中间两段在黑漆地上镶嵌白玉、青玉、绿松、青金、芙蓉、珊瑚、玛瑙等各色玉石，光色璨然。上有花鸟树石，各色花卉竞相开放，光华可赏，成对喜鹊，或展翅高飞，或静立枝头，整个画面春意盎然；下为博古图案，色调温静，气氛古雅。屏风背面描金彩绘松、竹、梅岁寒三友，格调高洁雅逸。屏座呈须弥式，浮雕莲瓣纹，分三段以榫卯接合，使整个屏风显得沉稳庄重。

该屏风装饰华丽，气势恢弘。紫檀精雕不惜工本，百宝嵌饰巧夺天工。章法严谨，繁而不乱。它已然超越了屏风的基本功能，成为皇权的象征。

紫檀莲叶龙纹宝座

清

长 171.5 厘米　宽 113 厘米　高 131 厘米

目前最宽大的紫檀木腰圆形宝座，多年前因缺损解体而散作一堆，修复前一直认为是张床，修好后才发现原来是件难得的紫檀宝座精品，难得是因为它整体作腰圆形，所见属它最大，而且造型讲究、雕工精湛，属于宫廷紫檀做工。

靠背以一片大荷叶为底纹，自上而下浮雕云、龙、宝珠和图案化的『寿』字。靠背下端有水波纹浮雕沿座面向左右延伸，上有出水蛟龙各一。扶手随腰圆形的座面弧度与靠背相连，乃分别圆雕再行攒接拼合，形成大幅翻卷的番莲纹，舒展大方，形态夸张，富有西方艺术趣味。莲瓣纹的座沿和连珠纹的束腰含有佛教文化因素，并显示了高贵和庄重。牙条饰莲叶纹舒卷有致，浮雕莲叶和龙纹的三弯腿稍嫌单薄、柔弱，是以降低结构牢度为代价来换取华丽外表的典型例子。足下托泥满雕长茎莲。此宝座虽然以龙纹为主题，却侧重表现多种形态的莲纹，中西合璧，是融合东、西方元素比较成功的例子。

凡雕龙头，内务府制造库俱无定例，今拟按龙身腰径分寸，如径三分以内龙头每长一寸用雕銮匠三分；径五分以内每长一寸，用雕銮匠四分；径七分以内每长一寸用雕銮匠五分。

《钦定工部则例正续编》

紫檀木雕云龙纹宝座

清

长 89 厘米　宽 128 厘米　高 121 厘米

宝座是中国古代等级最高的坐具，用于皇宫、行宫、皇家园林以及宗教场所。它形体宽大，以富丽奢华见称，可以说怎么装饰都不算过分。同时它也是怎么坐都不舒服的坐具。该宝座为清代乾隆朝御用家具。取料上等紫檀木，五屏风式围子，作高难度深浮雕，表现大、小龙纹出没于云雾间。搭脑、扶手取卷云纹造型并饰以回纹边框，呈阶梯状高度递减、顺势而下，线条婉转流畅。

靠背下部三处浮雕海水江崖，有『君临天下，一统江山』之意。云蝠纹束腰下托腮宽厚，雕整齐的莲瓣。座身取鼓腿彭牙式样，内翻马蹄足，颇显稳健，下置托泥有六小足支承，回纹工整，更显大方。此例整体造型庄重，纹样精准繁缛、细致入微，显示了皇家风范。其雕刻难度之高，堪称『鬼斧神工』，须万里挑一的高手才能完成。如此登峰造极之作，后世只能模仿而无法超越。

……以上雕作用工定以一面雕深四分以内核算，如雕深四分以外至六分者，每工外加雕銮匠三分，如至一寸者，每工外加雕銮匠五分，如至一寸五分者，每工外加雕銮匠八分，如至二寸者，每工外加雕銮匠一工，如至二寸以外，按深一寸每工外加雕銮匠四分。递加用工如二面透雕玲珑者，均照二面加倍用工。

《钦定工部则例正续编》

紫檀云蝠纹宝座

清

长 130 厘米　宽 78 厘米　高 115.5 厘米

三屏风式围子，素束腰鼓腿彭牙，回纹内翻马蹄足，下置托泥。围子是装饰重点，浮雕『五蝠捧寿』，云纹缭绕。图案工整华丽，刀工娴熟。勾云纹搭脑，靠背、扶手施委角，作阶梯状高度递减。牙条剔地起阳线作勾云纹，疏密得当。腿足上端浮雕蝙蝠，与牙条、束腰和座面以抱肩榫结合。此例形体宽舒，用料粗硕，从造型、装饰和用材上看，仍属清代中期风格。相比同时期同类器物，它的装饰雅致而平和，古典美感蕴藏于内，品位更胜一筹。

银杏木雕人物故事座屏风

清

长 122 厘米　宽 84 厘米　高 232 厘米

银杏木质地轻软细密，不易翘裂，耐腐性、抗蛀性强，有特殊的药香味，也被称为银香木，是一种很好的建筑用材。银杏又称『白果树』，也叫『公孙树』，雌雄异株，叶片扇形。木材致密，适于雕刻，是制作木雕的上乘材料。

此例体量虽大，却采用插屏式样，因插槽浅短，故整个屏面分为上下两个部分。上面的屏板可装可卸，所雕景致是最大的看点。画面上林木丰茂，人物众多，表现细致入微。构图复杂，层次丰富，有透视效果。一对人马由近及远，向山上走去，表现出很大的景深，似有很大的雕刻深度，实际测量却发现雕刻深度至多二三厘米而已，此即难度所在。这种在极小的厚度内表现极大的景深，在单一平面上表现多层次画面的手法，是清代中、晚期各类屏风擅长使用的手法。

下面的屏板固定于屏座内，采用透雕装饰，产生了通透感，避免了上下雷同带来的沉闷。底座雕狮子戏球，装饰趣味更浓。屏风反面阴刻书法，别开生面，千雕万凿的匠作转而有了书卷气。可见它原本不是靠墙的摆设，而是建筑内部用来分隔空间和美化环境的固定陈设，兼有遮蔽视线、阻挡风邪等多种功能，虽繁纹重饰而不显冗余，富丽堂皇而不失清雅。

黑漆描金书柜式多宝格

清

长 81 厘米　宽 35 厘米　高 170 厘米

多宝格是清代才大量出现的新型家具。通常下有双门柜子，深藏不露，上有高低敞格，错落有致，可以用来收藏和展示古董珍玩，兼有室内装饰的作用。该多宝格木胎髹漆，上半部敞格以黑漆打底，作描金山水景物装饰，遍布纵横板面，在平面之中营造深远意境。抽屉脸和柜门板取材鸡翅木，分别雕刻缠枝莲和各种花卉，天然的木材纹理与上半部人工的漆饰形成鲜明的对比。抽屉和柜子内部有红漆描金装饰，柜门安掐丝珐琅合页。属于清代晚期常见式样，造型精致而灵巧，装饰繁复而华丽。

十一日七品首领萨木哈面奉上谕：将多宝格内挪背板改做格空，其匣子亦改做，其古玩应配座者配座，着内廷改做。钦此。

《养心殿造办处史料辑览》乾隆朝

紫檀木仿竹节雕鸟纹多宝格

清

长170厘米　宽76厘米　高218厘米

多宝格之富丽豪华以此件为极致。典雅的西式造型，上有柜帽，下有底座，中间主体部分被分割成一个个小的独立储藏空间，高低错落，结构复杂。装饰上更是极尽富丽堂皇之能事，附件也不含糊，如进口西洋压花玻璃花纹各异，五彩缤纷，华丽夺目。又如构件交接处包镶白铜饰件，银白旧色与黝黑的紫檀木很般配，加固与装饰两全。

雕刻上求精、求细、求满，纹样极具东方色彩。竹节形边框纵横交错，暗八仙、龙凤、花卉、走兽、鸟鱼等等遍布其间，写实传神、细致入微。动物形象栩栩如生，以鸟类居多，难以计数。最有意思的是柜顶正中圆雕凤鸟一只，口衔书卷，头部活作，可以转动，似有『百鸟朝凤』之意。

雕刻精妙者，宋高宗时有詹成，能于竹片上刻成宫室、山水、人物、花鸟，纤毫具备细巧若缕而且玲珑活动。余见其所刻一鸟笼四面花版上雕山水花鸟及詹成制三字，精巧之极，见者拟之鬼工。

明　张应文《清秘藏》

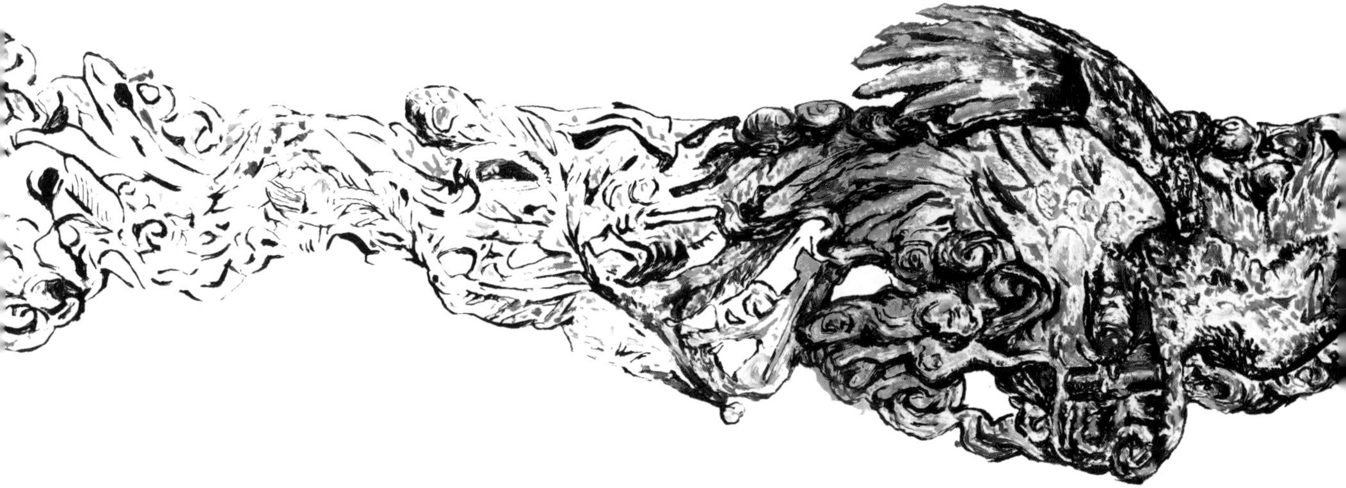

紫檀云龙纹大方角柜

清

长 159 厘米　宽 78 厘米　高 222 厘米

『方角柜』指直角平面造型的柜子，一称『四面平式』，主要特征是上下同大，四角见方，腿足垂直地面，无柜帽、门轴和侧脚，门扇须以铰链开合。一般成对设置，主柜两其下，顶柜两其上，俗称『大四件柜』或『四间大柜』，又称『朝衣柜』。主柜庞大，用储朝服。顶柜略小，可藏帽什杂件。

大柜需用大料。紫檀木大料，千金难求。牛毛纹满布，历经沧桑。岁月使木表呈现黝泽莹润的质感和光泽。减地浮雕手法表现龙纹。龙皆五爪，造型讲究、气势不凡，不仅是装饰，还是皇权的象征。柜门及膛板分别作『苍龙教子』和『二龙戏珠』，龙的造型具有雍正至乾隆前期特征。雕刻水平无懈可击，更似『乾隆工』。

除了层板、抽屉用铁力木以外，其余都用紫檀，背板也不例外，确实值得注意。最初摆放的位置不应靠墙，可环行四周，除看面雕花外，其余三面犹可一观，否则不至于如此浪费。门扇间闩杆活做，上有榫头，下有滑槽，可在存取大件衣物时方便拆卸和安装。铜合页以销钉插合，錾花鎏金。柜顶大框有卯眼，遂知曾有顶柜配对，早已散失。

造橱立柜，无他智巧，总以多容善纳为贵。尝有制体极大而所容甚少，反不若渺小其形而宽大其腹，有事半功倍之势者。制有善不善也。善制无他，止在多设搁板。橱之大者，不过两层、三层，至四层而止矣。若一层止备一层之用，则物之高者大者容此数件，而低者小者亦止容此数件矣。实其下而虚其上，岂非以上段有用之隙，置之无用之地哉？当于每层之两旁，别钉细木二条，以备架板之用。板勿太宽，或及进身之半，或三分之一，用则活置其上，不则撤而去之。如此层所贮之物，其形低小，则上半截皆为余地，即以此板架之，是一层变为二层。总而计之，则一橱变为两橱，两柜合成一柜矣，所裨不亦多乎？或所贮之物，其形高大，则去而容之，未尝为板所困也。此是一法。

清　李渔《闲情偶寄》

紫檀木雕云龙纹小柜（一对）

清

长39厘米　宽18厘米　高62厘米

今人购藏硬木家具，无不巴望整器纯用一种木料，俗称『御料做』，即御头御尾真材实料之意。除了小件，这种奢侈过度的做法实不多见。小方角柜常见『御料做』，最适于置于桌面或炕上存放小件文玩，貌似隐匿，实为显摆。用奢侈品来存放奢侈品常为古今贵人所追崇，清代尤甚。

常见成对小柜门上有门，上下连体，貌似四件，实为两件。此例才是真正的小四件柜，上下可以分离。清代中期宫廷紫檀做工，门脸皆透雕，上为云鹤，下为云龙。门无闩杆，开合时柜门相互挤兑，俗称『硬挤门』。铜合页外置，配铜镶足套，錾花鎏金，更显精致华丽。

紫檀木嵌染牙插屏式座屏风

清

长 133.5 厘米 宽 54 厘米 高 136 厘米

屏风，顾名思义，可以用来挡风。后汉李尤《屏风铭》『舍则潜避，用则设张。立必端直，处必廉方。雍阏风邪，雾露是抗。奉上蔽下，不失其常』。看来古代建筑的密闭性不如当今，阻挡风邪雾露是屏风最基本的功能；同时屏风也是一个灵活而轻便的建筑隔断，可根据实际的需要对室内布局进行有效的调整，起到分隔空间和遮蔽视线的作用。

然而到了清代，屏风的装饰功能被发挥到极致，很多屏风几乎就是摆设，挡风、遮蔽以及分隔空间的功能均已淡化，观赏价值大于实用价值。以此屏为例，采用了常见于清代各类屏风的一种特殊的装饰手段，以透视原理在平面上表现人物和景物的空间关系，立体感强。这种镶嵌工艺显然是受了西方工艺美术的影响，能在很小的厚度内表现出很大的景深。

紫檀木雕云龙纹长方桌

清

长 188 厘米　宽 76 厘米　高 88 厘米

清代晚期典型作品。除了桌面以外，满雕云龙纹。结构特征在臃肿的外形之下显得含糊不清。许多部位并非整木实雕，而是采用了包镶工艺，乃用鱼胶将一片片的雕花薄板镶贴、拼接而成。雕刻水准较清代中期大为逊色，纹样形态失准，层次不清。龙的形象老态龙钟，毫无威势可言。曲式方折的腿型自清代中期出现后广为流行，成了中国古典家具走向衰落的标志性符号。虽然工艺水准和艺术价值不堪仿效，但是时代特征鲜明，聊备一例，可资借鉴。

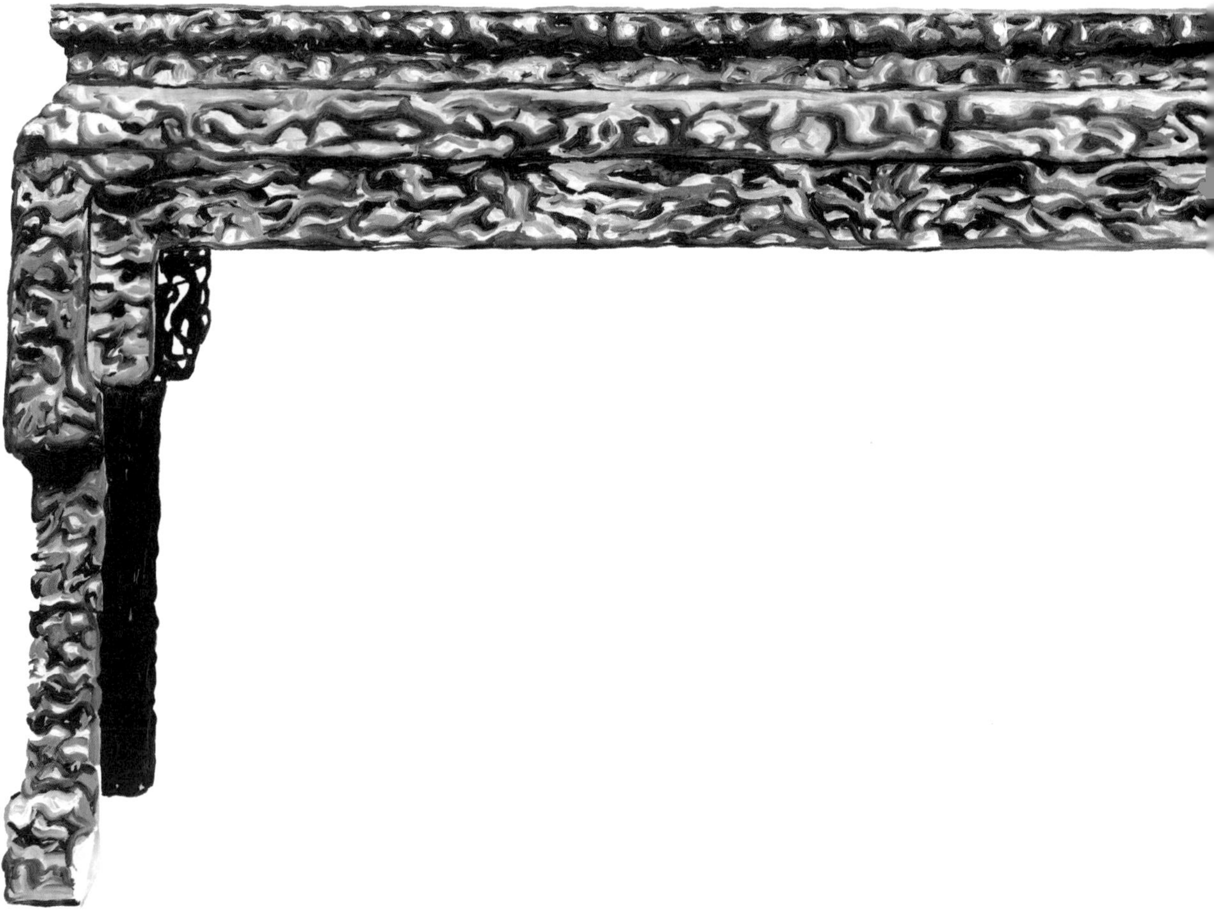

紫檀木海棠式座面杌凳

清

边长32厘米　高51厘米

清代中期宫廷紫檀做工。凳面海棠式，鼓腿彭牙结构，浮雕『洛可可』风格的番莲纹。外观纤巧而不失端庄，更适用于女子，使美者更美、雅者更雅，这也是观念对于审美的影响。此一时，彼一时。同一坐姿在不同的时代，会有不同的观感，美与不美、雅与不雅，都在一念之间。

谁知千年前女子坐椅凳，竟会被人嘲笑。南宋陆游《老学庵笔记》引徐敦立语：『往时士大夫家妇女坐椅子、杌子，则人皆讥笑其无法度。』往时是指北宋，当时以榻为中心的起居方式并未消失，对女子姿仪有一定的约束力，上层社会对女子坐椅子、凳子等新式高型坐具抱有成见。

工先利器赋

唐　魏式

工有习艺求名，志在不朽，乃言曰：『艺未达不可求以诸色，器未精徒劳措以其手，安得轻进，自贻伊鬼？』于是摩厉为先，动用为后，诚旨趣之可尚，实果决之不苟。所谓作事谋始，本立道生，绳墨尽索，斤斧毕呈……观夫欲展而能，先利其器，以工立喻，则人不二。可为庶士之规，宁比匹夫之志。故曰用艺者儆戒不远，立身者得失由斯。若幸而滥进，则人必尔窥，是以君子不容易于所为。

凿

有宽窄之分，1－5分宽不等。

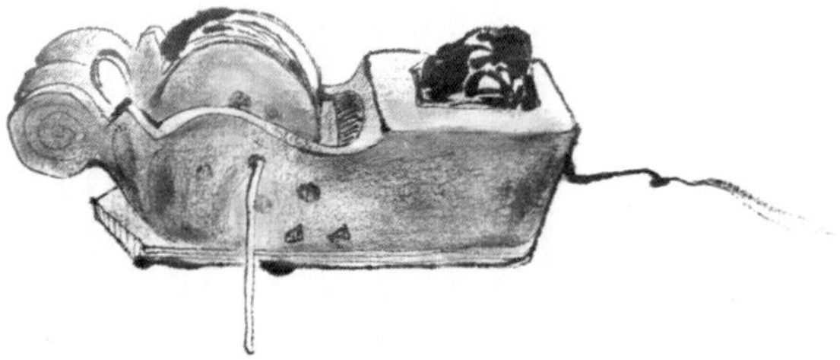

墨斗

弹线用的工具。

凹凸刨

常用于刨削表面凹凸的零件线形。

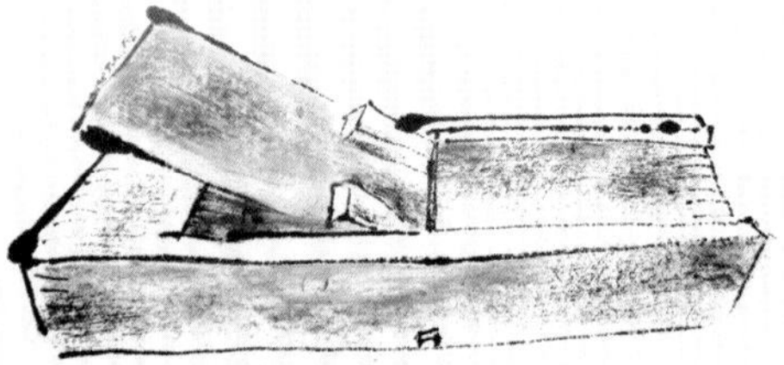

刨子

单线刨用于裁口和清理宽槽内部。槽刨用于开槽。线刨种类极多，根据线形需要形状各异。

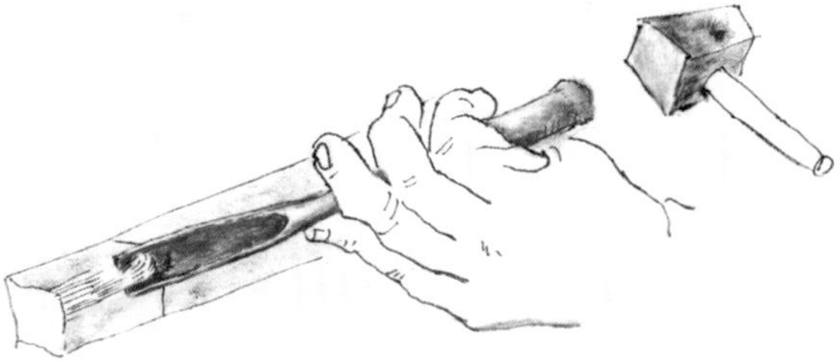

圆凿

用于凿圆形榫孔。

木工工作场景

用槽刨开槽的方法

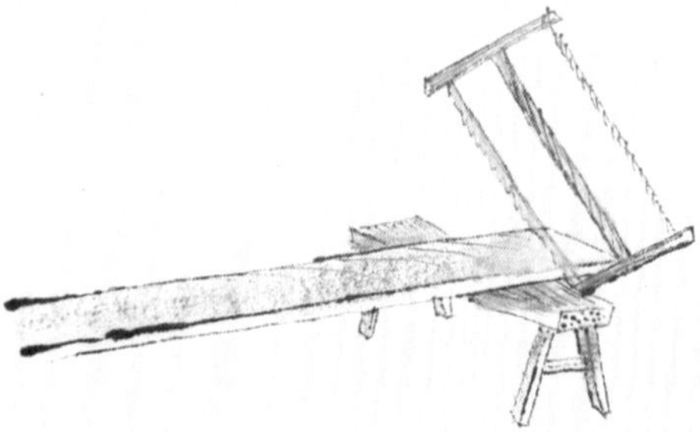

锯

大锯俗称『二人抬』，常用于锯解板材。

运斤赋

唐 席夔

道贵乎朴，物疵于妄。为谋者必定于前，执技者可以事上……乃歌曰：『彼二子兮，以艺相崇。得一理兮，其心则同。运斤在手诚可惧，坚立不动神之雄。岂运斤者妙其术，坚立者知其工。幸见遇于郢匠，无辍响于成风。』

攻坚木赋

唐 李程

工之制器兮雕乎朴，人之兴艺兮志乎学。利用者膧肿无前，善扣者春容乃觉。多闻非阙于疑殆，成器克资乎雕斫。故研精方启于愤悱，用当各施于轮桷。且夫材有柔劲，工有趣舍。于以钻木，后其坚乎；于以挥斤，先其易者。钩绳定其规矩，斧斤飘其上下……艺通元兮坚刚则柔，学通微兮指归可求。俾不才而成用，化扞格以优游。工之成功，志之所至。信念兹而在兹，因比物而丑类。之木也，破其轮囷；之学也，究其奥秘。砻斫斯成，良工有程。殚才人之学，好剞者之精。终朝匪劳于矻矻，空谷谁听乎丁丁。既成风于郢匠，期大扣于希声。

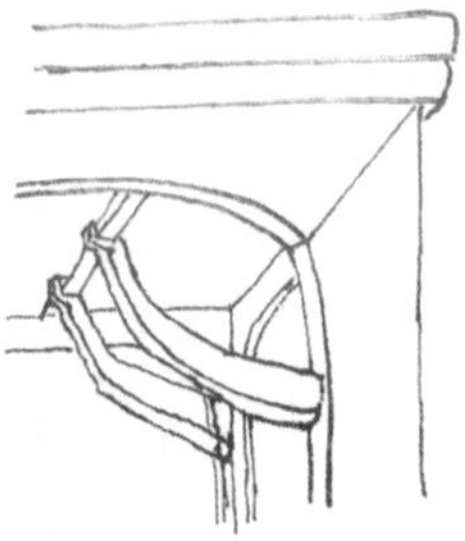

霸王枨是一种『S』形曲枨。不是装在明面上，而是从桌腿的内角线向上弯曲，延伸并固定在桌面下的两条穿带上。这种做法多用在低束腰家具上，既帮助牙板固定四足，同时也对桌面下的穿带起支撑作用。霸王枨与腿的结合部位通常使用勾挂榫，先在霸王枨的一头做出榫头，榫头的上边自顶端向根部削成斜坡，在腿的内角线上凿榫窝，里侧要比外口高些。再做一小木塞，将榫头插进榫窝，向上托，使榫头上斜面与榫窝上斜面顶紧。下面的空余部分用小木塞塞严，这样就把腿和枨牢固地连接起来。〔二〕

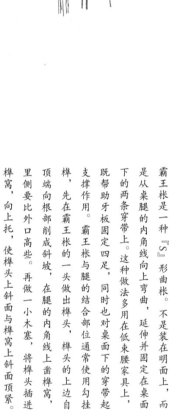

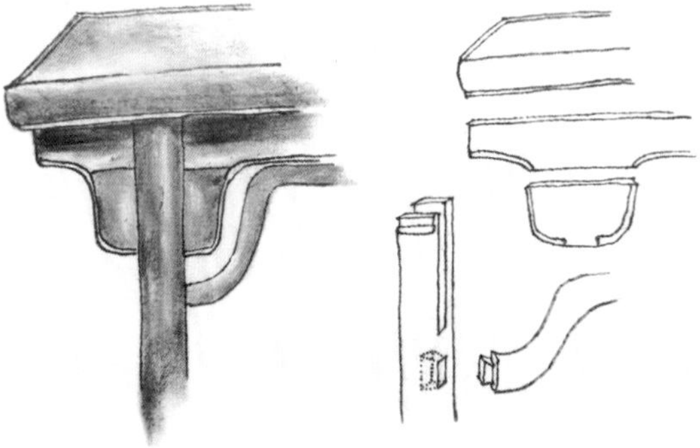

夹头榫多用在案或案形结构体桌子。案形结构体家具腿与面的结合不在四角，而在长边两端缩进一些的位置上。前后两面多采用通长的牙板贯通两腿，形成牙板固定腿足，腿足夹固牙板，牙板又辅助腿足支撑案面的多功能结构，称为『夹头榫』。牙板由牙条和牙头组成，讲究的用一块整板做成。再上面是案面，案面的边框一般比桌面边框要宽，在与腿的结合位置凿出双榫窝，与腿足上端的双榫头相吻合，这种结构是案形结构体家具的常见做法。[2]

角结合结构（暗销），这是一种闷榫接合方法，横竖材都切出45度斜面，两个斜面上都凿出榫窝，再用一块长方形木销插入两边的榫窝，用胶粘牢。[3]

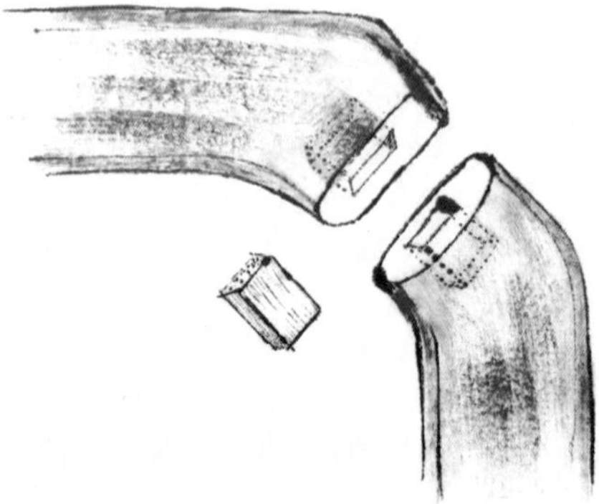

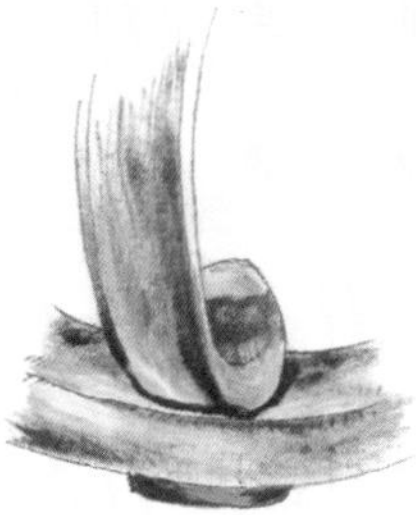

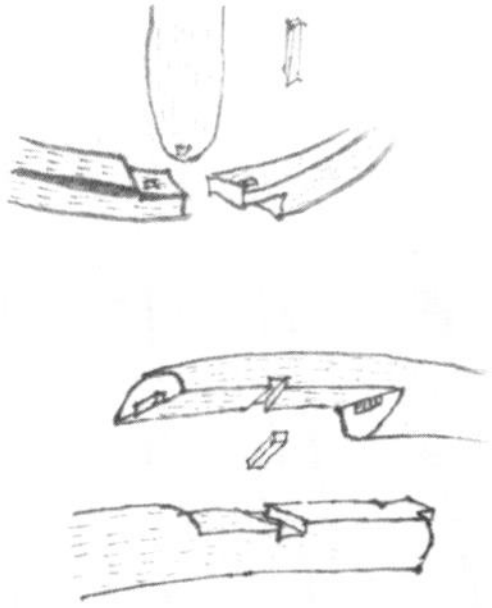

圆形托泥，多采用弧形对顶接方法。接口处多少要依腿足多少而定，如果是四足，托泥就由四段组成，五足则由五段组成。接口处都安在足下，有贯穿托泥和腿足的木销。托泥的形状都随着面的形状，以上下呼应。常见的形状有圆形、海棠、梅花、双环、银锭等。

弧形材料结合常用楔钉榫，多用于圈椅的弧形椅圈。由于椅圈的弧度较大，必须用两节或两节以上的短材拼接而成。为了使接口坚实牢固，匠师把两个圆材的一头各做出长度相等的半圆，在半圆材的顶端做出榫舌，再在两个半圆平面的后部与横切面相交的转角处开出与半圆平面齐平的横槽，然后把两材依平面对插，使两材上下左右都不能活动，但却能向相反的方向拉开。于是匠师又在两材合缝处开一方孔，将一方形木楔钉进去，使接口处既不会左右晃动，又不至向两边拉出，达到了坚实牢固的目的。[4]

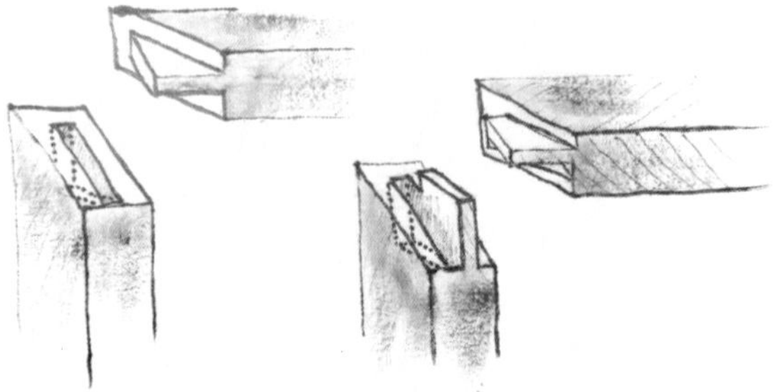

闷榫又叫暗榫，凡结合后不露榫头的都叫闷榫或暗榫。暗榫的形式多种多样，单就直材角结合而言，有单闷榫和双闷榫形式。单闷榫是在横竖材的两头，一个做榫舌，一个做榫窝，然后将榫舌插入榫窝。双闷榫在两个拼头处都做榫舌，两接口的榫头一左一右，同时在紧靠榫头一侧又凿出榫窝，与榫头相反，这样两个榫头可以互相插进对方的榫窝。由于榫头形成横竖交叉的形式，从而使整件器物更加牢固。[5]

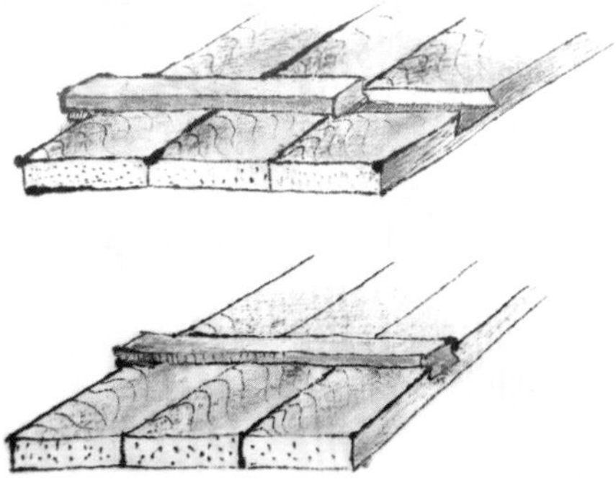

穿带榫——稍厚一点的板材拼合，多用在桌面或案面上，即把板条严好缝，再横开数道通槽。通槽的上口较槽底要窄，在穿带的一面做出与槽口断面相应的榫销，将穿带的一头对准槽口向里推，将板条固定在穿带上。这样，板条四边有边框管束，中间有穿带管束，由此形成平整光洁的整体。[6]

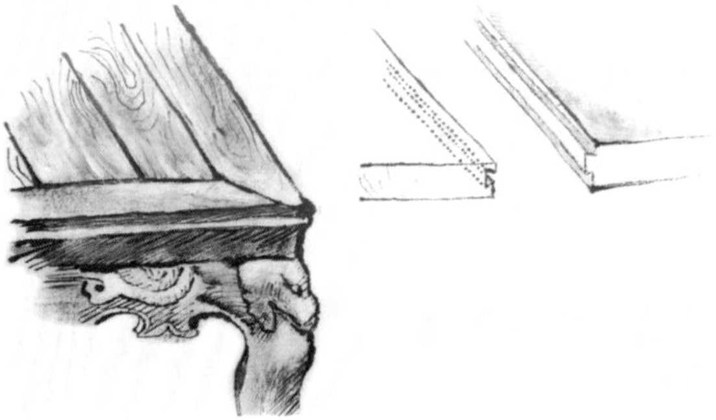

拼板结构——制作大型家具，用料宽阔，一块板不够用时，常用数块板拼接。但木性不一、纹理不一，容易出现翘裂或变形现象。为了使拼缝处保持平整光洁，就须采取适当的措施处理接缝。常见的薄板拼合是在板面纵向断面上起槽，另一面做出与边槽相应的榫舌，把榫舌嵌进槽口，再用胶粘牢。这种做法，木工匠师多称为『龙凤榫』。有时材料不足，数板拼合刚好够用，再做榫舌就会使板材亏损，遇此情况就应在两侧板材都开槽口，再另做一板条嵌入两边的槽内，使两块板拼合在一起。〔7〕

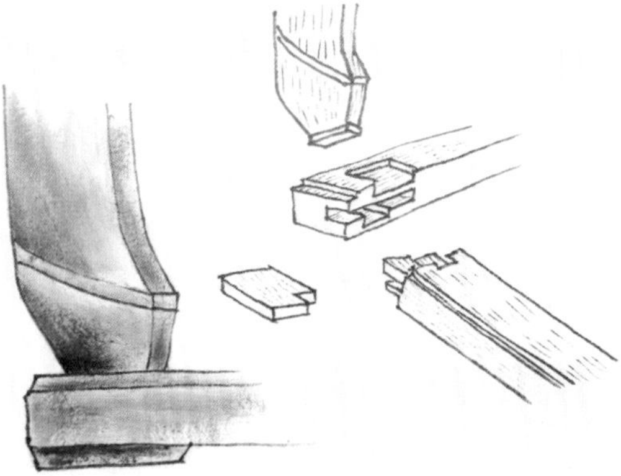

托泥与腿足结构——托泥是装在家具足下的一种构件，其作用相当于管脚枨。托泥分两种类型，一种是框型，其中又有方形、长方形、六角形、八角形、圆形和花瓣形等；一种是垫木型，用一长条木方装在案足之下。框型托泥是由边挺和抹头组成，四角结合处用格角榫连接，接缝处凿出底大口小的榫窝，在四足的下端做出与榫窝相同的榫头，这种榫头大多与腿足一木连做，后来也有在足下凿眼另装的。在组装托泥四框时，把榫头对准榫窝，将抹头与边梃装牢。这样在挪动时，不致使托泥脱落。进入清代，做法逐渐简单，只在托泥和足底凿眼，用一木楔连接，以胶粘合。这种做法，年长日久，胶质失效就很容易脱落。〔8〕

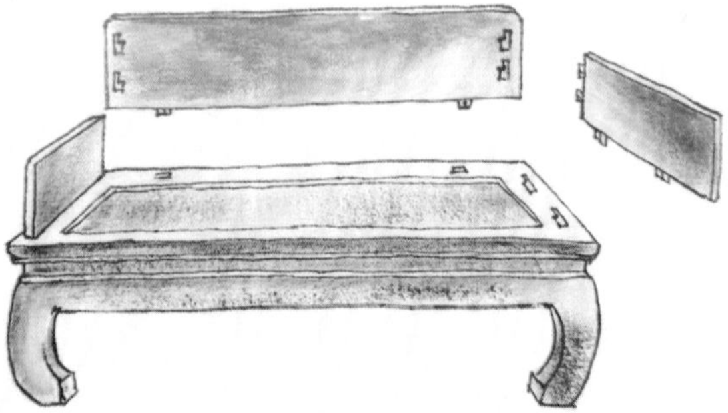

走马销有一面平直，一面斜坡，也有两面斜坡的，原理与一面斜坡相同，只是一面斜坡对榫窝要求严格，直面必须与榫窝的直边相对。如床榻两边的扶手，就不能乱按，它的榫头直面一般都朝外，推合的方向都是从前向后。后背两边与两扶手连接的走马销则是自上向下按，直到靠背下边与座面后沿的直插榫吻合，这样就卡住了纵向的扶手，不致榫头因后靠而拔出。[9]

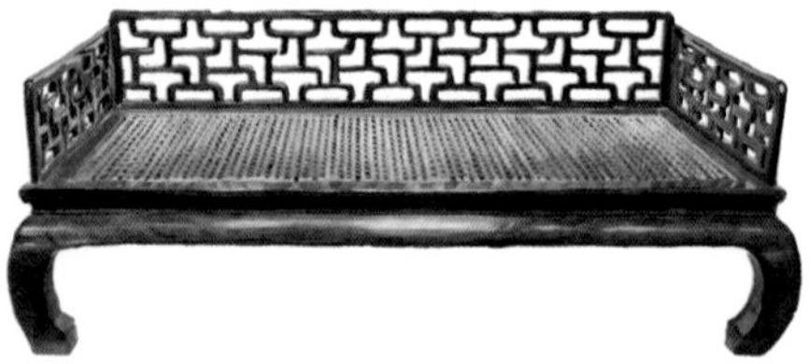

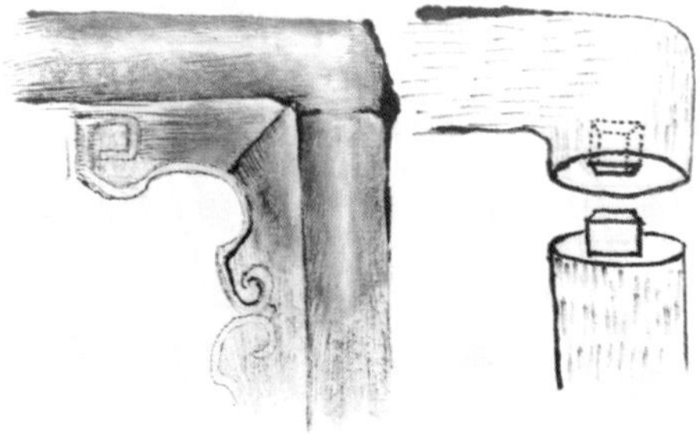

挖烟袋锅做法——在直材角结合结构中还有不用格角的，它是把横材下面做出榫窝，直材上端做出榫头，将横材压在竖材上。这种做法多为圆材，俗称『挖烟袋锅』。明式靠背椅和扶手椅的椅背、扶手的转角处常用此法。〔10〕

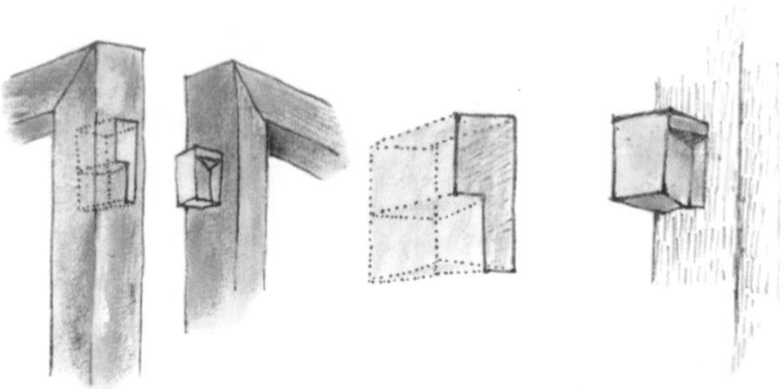

活榫开合结构——活榫开合结构俗称『走马销』。

一些大件家具，如床、榻、屏风等，在搬运时不可能整个移动，必须分解成多个部件，这样在部件与部件连接处宜用此种结构。常见的座屏风有三扇、五扇、七扇、九扇几种。屏座多由三节组成，结合部位也以走马销居多。通常把中段摆好位置后再安两头。中段两头斜面做榫窝，两边段截面做出榫头。将边座略抬起使榫头对准榫窝，两座合缝后，再往下一按，使榫头滑进榫窝窄口，屏座各段就牢固地连为一体了。屏座上平面开榫窝，组装时先装中扇，中扇两侧边框亦做出走马销榫窝。将边扇下插销对准屏座榫口，再把屏框上的走马销与中扇榫窝吻合，向下按，使屏框下横边与屏座吻合。屏风装好后，开始装屏帽。屏帽由两边向中间装起，屏帽之间与屏框均有榫衔接。屏帽一为加固屏风，二来还起到很重要的装饰作用。〔二〕

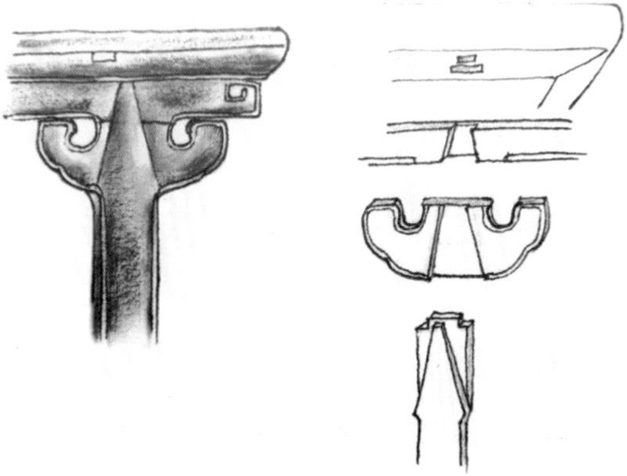

插肩榫分前榫和后榫，中间横向开出豁口，把牙板插在里面。前榫自豁口底部向上削成斜肩，做成前榫小，后榫大；前榫斜肩，后榫平肩的榫头。插肩榫的牙板也要剔出与斜肩大小相等的槽口。它与夹头榫牙板所不同的是槽口朝前。组合后，牙板与腿面齐平，在看面上留下两条梯形斜线，在一定程度上起着装饰作用。[12]

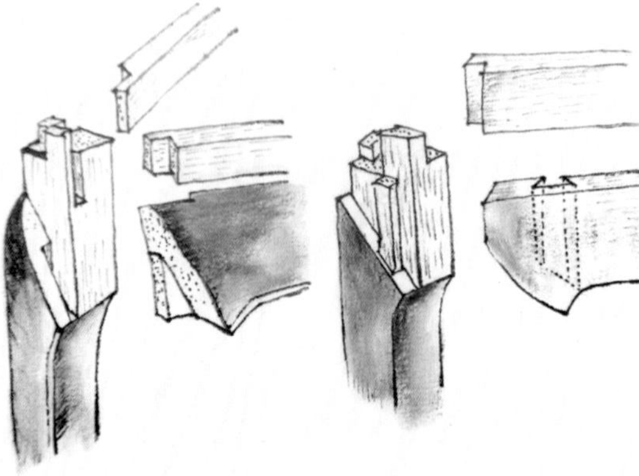

抱肩榫的结构实际上是把粽角榫结构的斜肩移到榫头以下，这样斜肩交合的也就不是板面边框而是面下牙板了。粽角榫板面斜肩因与边框一木做成，所以两个斜面只要合缝就行了。而抱肩榫的牙板和腿部斜肩必须做出榫头和榫窝，才能使牙板固定在腿上，以辅助腿足支撑案面。这类榫卯大多用于束腰家具。

挂榫，一种酷似抱肩榫的结构。从外表看，与抱肩榫的位置、形式完全相同，但内部结构却与抱肩榫有所不同。除保留抱肩榫的结构外，又在榫头两侧面的下部各做一竖向挂销。挂销的里面要比外面窄些，在牙板内侧，也要做出与挂销大小形状相同的通槽，组装时，将牙板的通槽对准挂销按下去，使腿和牙板的斜肩合严。这种结构，既有拉的作用，又有挺的作用，可以有效地把四足及牙板牢固地结合起来。一般用在大型家具中，如床、榻类。[13]

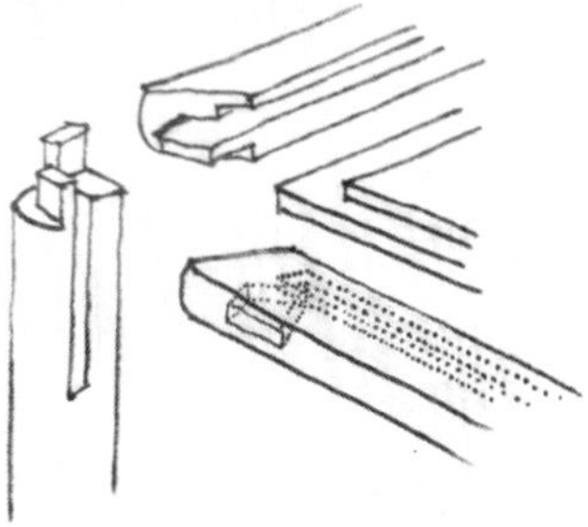

柱顶长短榫与板面结构——腿与面的结合有长短榫和夹头榫两类。桌形结体家具不论有束腰或无束腰，多用长短榫。案形结体家具多用夹头榫或托角双头榫。长短榫又分粽角长短榫和柱顶长短榫。长短榫的特点是两个榫头一长一短。其作用是把边梃和抹头固定在一起。长榫连接边梃，短榫连接抹头。所以将榫头做成短头，是因为连接抹头的榫头与边挺，和抹头连接的榫头发生了冲突。如果不把这个榫头去短，势必顶住边挺伸向抹头的榫，使板面落不到底。柱顶长短榫与粽角长短榫所不同之处，是榫头的外面没有斜肩。它和板面组合后，板面不是与腿的外面齐平，而是伸出腿面。这种做法，使腿的形式可以富于变化，圆腿、方腿均可。还可在面下装饰束腰和各种形式的曲腿，不受面沿的限制。而粽角榫结构就不同，它只能随面沿形式做成平面，所以粽角榫结构的腿足都是方形的。〔14〕

注释：〔1〕—〔14〕

《明清宫廷家具二十四讲（上）》故宫博物院编

胡德生著 紫禁城出版社 2006年版